*Home* is where the heart is.

生活·讀書·新知 三联书店

*Half Full*

# 半饱

生活高潮之所在

修订版

欧阳应霁 著

**图书在版编目（CIP）数据**

半饱：生活高潮之所在／欧阳应霁著. —2 版（修订版）. —北京：
生活·读书·新知三联书店，2018.7
（Home 书系）
ISBN 978 – 7 – 108 – 06190 – 4

Ⅰ. ①半⋯　Ⅱ. ①欧⋯　Ⅲ. ①食谱　Ⅳ. ① TS972.1

中国版本图书馆 CIP 数据核字（2018）第 016643 号

责任编辑　郑　勇　唐明星
装帧设计　欧阳应霁　康　健
责任校对　曹忠苓
责任印制　宋　家
出版发行　生活·讀書·新知 三联书店
　　　　　（北京市东城区美术馆东街 22 号　100010）
网　　址　www.sdxjpc.com
图　　字　01-2018-3037
经　　销　新华书店
印　　刷　北京图文天地制版印刷有限公司
版　　次　2004 年 12 月北京第 1 版
　　　　　2018 年 7 月北京第 2 版
　　　　　2018 年 7 月北京第 8 次印刷
开　　本　720 毫米 × 1000 毫米　1/16　印张 14.5
字　　数　155 千字　图 567 幅
印　　数　45,901 – 54,900 册
定　　价　59.00 元
（印装查询：01064002715；邮购查询：01084010542）

他和她和他，从老远跑过来，笑着跟我腼腆地说：欧阳老师，我们是看你写的书长大的。

这究竟是怎么回事？一个不太愿意长大，也大概只能长大成这样的我，忽然落得个"儿孙满堂"的下场——年龄是个事实，我当然不介意，顺势做个鬼脸回应。

一不小心，跌跌撞撞走到现在，很少刻意回头看。人在行走，既不喜欢打着怀旧的旗号招摇，对恃老卖老的行为更是深感厌恶。世界这么大，未来未知这么多，人还是这么幼稚，有趣好玩多的是，急不可待向前看——

只不过，偶尔累了停停步，才惊觉当年的我胆大心细脸皮厚，意气风发，连续十年八载一口气把在各地奔走记录下来的种种日常生活实践内容，图文并茂地整理编排出版，有幸成为好些小朋友成长期间的参考读本，启发了大家一些想法，刺激影响了一些决定。

最没有资格也最怕成为导师的我，当年并没有计划和野心要完成些什么，只是凭着一种要把好东西跟好朋友分享的冲动——

先是青春浪游纪实《寻常放荡》，再来是现代家居生活实践笔记《两个人住》，记录华人家居空间设计创作和日常生活体验的《回家真好》和《梦·想家》，也有观察分析论述当代设计潮流的《设计私生活》和

《放大意大利》，及至入厨动手，在烹调过程中悟出生活味道的《半饱》《快煮慢食》《天真本色》，历时两年调研搜集家乡本地真味的《香港味道1》《香港味道2》，以及远近来回不同国家城市走访新朋旧友逛菜市、下厨房的《天生是饭人》……

一路走来，坏的瞬间忘掉，好的安然留下，生活中充满惊喜体验。或独自彳亍，或同行相伴，无所谓劳累，实在乐此不疲。

小朋友问，老师当年为什么会一路构思这一个又一个的生活写作（life style writing）出版项目？我怔住想了一下，其实，作为创作人，这不就是生活本身吗？

我相信旅行，同时恋家；我嘴馋贪食，同时紧张健康体态；我好高骛远，但也能草根接地气；我淡定温存，同时也狂躁暴烈——

跨过一道门，推开一扇窗，现实中的一件事连接起、引发出梦想中的一件事，点点连线成面——我们自认对生活有热爱有追求，对细节要通晓要讲究，一厢情愿地以为明天应该会更好的同时，终于发觉理想的明天不一定会来，所以大家都只好退一步活在当下，且匆匆忙忙喝一碗流行热卖的烫嘴的鸡汤，然后又发觉这真不是你我想要的那一杯茶——生活充满矛盾，现实不尽如人意，原来都得在把这当作一回事与不把这当作一回事的边沿上把持拿捏，或者放手。

小朋友再问，那究竟什么是生活写作？我想，这再说下去有点像职业辅导了。但说真的，在计较怎样写、写什么之前，倒真的要问一下自己，一直以来究竟有没有好好过生活？过的是理想的生活还是虚假的生活？

　　人生享乐，看来理所当然，但为了这享乐要付出的代价和责任，倒没有多少人乐意承担。贪新忘旧，勉强也能理解，但其实面前新的旧的加起来哪怕再乘以十，论质论量都很一般，更叫人难过的是原来处身之地的选择越来越单调贫乏。眼见处处闹哄，人人浮躁、事事投机，大环境如此不济，哪来交流冲击、兼收并蓄？何来可持续的创意育成？理想的生活原来也就是虚假的生活。

　　作为写作人，因为要与时并进，无论自称内容供应者也好，关键意见领袖（KOL）或者网红大V也好，因为种种众所周知的原因，在记录铺排写作编辑的过程中，描龙绘凤，加盐加醋，事实已经不是事实，骗了人已经可耻，骗了自己更加可悲。

　　所以思前想后，在并没有更好的应对方法之前，生活得继续——写作这回事，还是得先歇歇。

　　一别几年，其间主动换了一些创作表达呈现的形式和方法，目的是有朝一日可以再出发的话，能够有一些新的观点、角度和工作技巧。纪录片《原味》五辑，在任长箴老师的亲力策划和执导下，拍摄团队用视频记录了北京郊区好几种食材的原生态生长环境现状，在优酷土豆视频网站播放。《成都厨房》十段，与年轻摄制团队和音乐人合作，用放飞的调性和节奏写下我对成都和厨房的观感，在二〇一六年威尼斯建筑双年展现场首播。《年味有 Fun》是一连十集于春节期间在腾讯视频播放的综艺真人秀，与演艺圈朋友回到各自家乡探亲，寻年味话家常。还有与唯品生活电商平台合作的《不时不食》节令食谱视频，短小精悍，每周两次播放。而音频节目《半饱真好》亦每周两回通过荔枝 FM 频道在电波中跟大家来往，仿佛是我当年大学毕业后进入广播电台长达十年工作生活的一次隔代延伸。

音频节目和视频纪录片以外，在北京星空间画廊设立"半饱厨房"，先后筹划"春分"煎饼馃子宴、"密林"私宴、"我混酱"周年宴，还有在南京四方美术馆开幕的"南京小吃宴"，银川当代美术馆的"蓝色西北宴"，北京长城脚下公社竹屋的"古今热·自然凉"小暑纳凉宴。

同时，我在香港 PMQ 元创方筹建营运有"味道图书馆"（Taste Library），把多年私藏的数千册饮食文化书刊向大众公开，结合专业厨房中各种饮食相关内容的集体交流分享活动，多年梦想终于实现。

几年来未敢怠惰，种种跨界实践尝试，于我来说其实都是写作的延伸，只希望为大家提供更多元更直接的饮食文化"阅读"体验。

如是边做边学，无论是跟创意园区、文化机构还是商业单位合作，都有对体验内容和创作形式的各种讨论、争辩、协调，比一己放肆的写作模式来得复杂，也更加踏实。

因此，也更能看清所谓"新媒体""自媒体"，得看你对本来就存在的内容有没有新的理解和演绎，有没有自主自在的观点与角度。所谓莫忘"初心"，也得看你本初是否天真，用的是什么心。至于都被大家说滥了的"匠心"和"匠人精神"，如果发觉自己根本就不是也不想做一个匠人，又或者这个社会根本就成就不了匠人匠心，那瞎谈什么精神？！尽眼望去，生活中太多假象，大家又喜好包装，到最后连自己需要什么不需要什么，喜欢什么不喜欢什么都不太清楚，这又该是谁的责任？！

跟合作多年的老东家三联书店的并不老的副总编谈起在这里从二〇〇三年开始陆续出版的一连十多本"Home"系列丛书，觉得是时候该做修订、再版发行了。

作为著作者，我很清楚地知道自己在此刻根本没可能写出当年的这好些文章，得直面自己一路以来的进退变化，但同时也对新旧读者会在此时如何看待这一系列作品颇感兴趣。在对"阅读"的形式和方法有更多层次的理解和演绎，对"写作"有更多的技术要求和发挥可能性的今天，"古老"的纸本形式出版物是否可以因为在不同场景中完成阅读，而带来新的感官体验？这个体验又是否可以进一步成为更丰富多元的创作本身？这是既是作者又是读者的我的一个天大的好奇。

　　作为天生射手，自知这辈子根本没有真正可以停下来的一天。我将带着好奇再出发，怀抱悲观的积极上路——重新启动的"写作"计划应该不再是一种个人思路纠缠和自我感觉满足，现实的不堪刺激起奋然格斗的心力，拳来脚往其实是真正的交流沟通。

应霁

二〇一八年四月

为什么半饱？

身边大吃大喝至死方休的多的是，半饱，是不是故作另类？

半饱，开始最初其实是被迫的——

因为平日工作实在太忙，吃到一半就要赶着翻江倒海地做别的事情，所以常常不知不觉半饱着肚。

也因为如此这般活着太累，吃到一半就想睡觉了，饭桌旁沙发上一躺下，马上沉沉睡去，剩下半桌饭菜明天收拾。

生活迫人累人之外，也因为头发都白了，不再像少年时代饥不择食，多了点选择，真的好吃的才动心动情。偶然有放肆乱吃的，都挤得饱得苦不堪言，而且一团腹肌马上跑出来，后悔也来不及。

所以不是念营养学出身不是专业厨师的我，也大胆走出来身体力行振臂一呼：半饱就好！

甘愿矫枉过正，七分饱也嫌太饱，一半就差不多了，正如意大利面条包装袋上分明印着面条得下锅九分钟才行，我却坚持再减两分钟，面条才有意大利老乡地道的那种 al dente 的嚼劲和口感。

保持半饱，午饭后坐在办公室里就不会昏昏欲睡，不必十分痛苦难过地为了维护自己的公众形象而作垂死挣扎。保持半饱，头脑相对灵活清醒，知道自己其实最爱吃什么，对下一顿美味永远有活泼迫切的期待冀盼。

半饱，另一个说法其实是常常肚饿——

常满也就太安定太无聊太不进取，馋嘴为食的人常常是有诸多不满的，正因如此，人才会够刁钻有要求，才会积极向上，社会才会进步。

说实话，我是一个从来也不会也不要计算卡路里的人，半饱与这些煞有介事的吓唬人的数字绝对无关。

在外头跟大伙一起吃喝的时候要严格坚持半饱往往比较困难，从材料到分量到味道，都得接受别人的掌控插手，在你推我让（或者常常是你争我夺）之间，一不小心就吃多了。一个人在外头吃，能够点的菜都是一般"标准"的一整份，也常常因为怕浪费也怕麻烦带着剩下的饭菜到处跑，只得把其实已不需要的都得勉强吃光，一下子又变得太饱。

所以还是必须争取饮食主动权，亲手买菜回家弄饭，自由发挥自作自受，一切材料选择分量搭配味道浓淡，都在半饱控制范围之内。一旦入厨入了迷着了魔，甘心放弃一般娱乐以至正当职业，就是为了能够多点在家里在厨中有建设性地蹉跎。尽管外头风大雨大，家里厨房是我的最后堡垒——

更多时候是实验室游乐场，一人煮，两人吃，以至后来胆大呼朋引伴，一声"真好吃"是给厨中创作人的最大的荣耀和满足，当然大家也得慢慢地接受在我家吃饭只能吃到半饱，留给众人再去吃宵夜的空间。

入厨做饭，固然可以是比修读一个博士学位更严重的大学问，但一切学问都由 ABC 开始，尤其事关饮食，都由味觉的嗅觉的触觉的记忆引发——某年某月某日在某地吃过喝过什么，实在太好味，想再来一次——所以我也就迫不及待自己动手，逛市场，凭直觉，找灵感，进厨房，然后用我最笨拙的手，最不讲究的刀法，去做最简单最容易最新鲜最合自己口味的菜，以一个轻松随便的心态去坚持执着，既然半饱，当然更要好吃。

半饱是一种新时代的良好品德，半饱是一种自我完成，半饱是生活高潮之所在，半饱是一种感觉，真好。

应霁　二○○三年八月

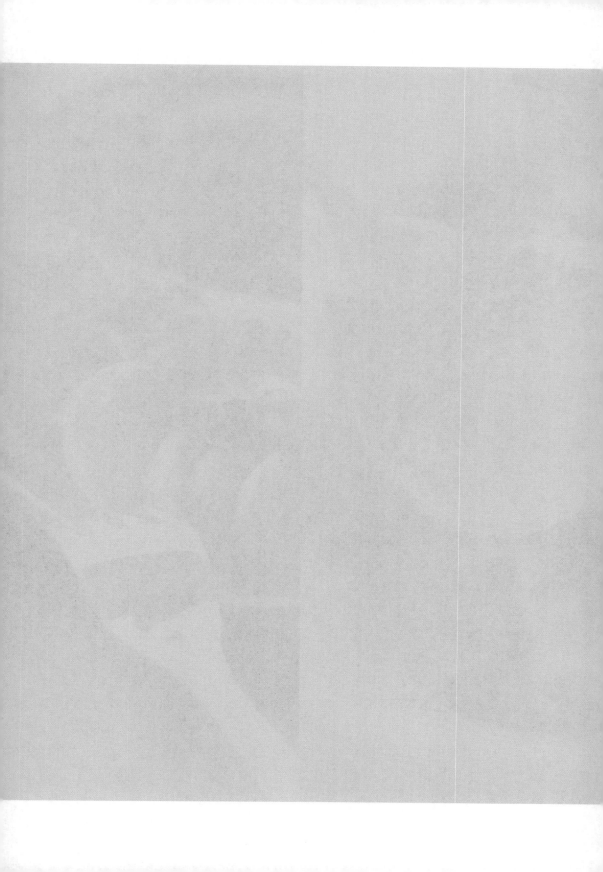

# 目录

# *Contents*

# 不设终点

## 一切从甜点开始！

让我们来一个小颠覆，让前菜主菜都靠边站，
即使理想中的 La Dolce Vita 甜美生活未必尽能一一兑现，
就先给自己尝尝甜头吧——

嗜甜不止是痴爱，简直是一回高贵而幸福的纵欲。

初恋滋味 提拉米苏

# 你初恋过多少次？

你吃过多少不同版本的提拉米苏（Tiramisu）？

总有一次是原装正版谨谨慎慎的，有蛋黄蛋白有马斯卡彭（Mascarpone）软乳酪混在一起，里面有Savoiardi手指甜饼浸满咖啡撒满可可粉；也有一次是加了白兰地酒，有一次是换了咖啡甜酒（Kahlua）；更有放了过多杏仁酒（Amaretto）以致有点苦涩的版本。有一回在湿润松软中吃出一堆干果仁，有的又自作主张放了点桃子梨子等等水果……从内容到形式，有切成正方的长方的，有一小碗一小杯的，甚至有索性整盘上桌让你想吃多少要多少的。Tiramisu多元多变，目的都是全天候又甜又香讨人欢心，一如初恋中的你，以及我。

记得头一回吃 Tiramisu，是在米兰大教堂（Doumo）旁边钻进去右拐左弯的巷子里的小餐厅，长发好友 T 那个时候在米兰借口念意大利文，实际上是一天到晚吃吃吃，那个晚上的主菜是洋葱烩牛肝，到现在还津津回味，饭后的甜品就是初邂逅的 Tiramisu。

第一回念这个意大利名字只觉发音怪怪的，一口把那块香滑湿软的放进嘴里之前，却被铺在表面那一层可可粉呛得大咳起来，那据说是因为我们东方人吃东西习惯了一边咝咝吸气，一边把食物扒进口里，吃饭吃面的文化习惯使然——我深深地记得那回的尴尬失仪，就如我记得每一次初恋那种如可可般的微微苦涩和奶油的甜美软滑一样。

是的，初恋是可以有很多次的。

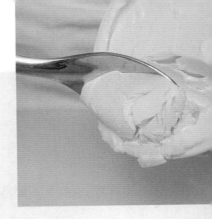

## 相胖到底

一边吃，意大利男生 Mario 一边在旁吃吃笑着用英文解说：Tiramisu 就是"pick me up"的意思。译过来固然可以是很诱惑的"带我走"，但也暗示吃多了体重就一直往上升。也许一旦情投意合，大家也不再介意对方的斤两——馋嘴好吃，始终是有利沟通达成共识的首要一步。

其实不必大费周章做 Tiramisu，只要给我原始材料 Mascarpone 软乳酪，一口一口地吃，或者更过分地拌点砂糖混点甜酒放肆地吃已经很"上升"很高潮。这种用杀了菌的鲜奶油加进少量柠檬酸凝固而成的美味，原本是意大利伦巴底（Lombardy）地区南部 Lodi 省份的特产，最好在制成的头一天里吃掉。能够在当地尝鲜固然好，但现在多少因为 Tiramisu 而连带声名大噪，已经有各种包装进驻世界各地的超市。Mascarpone 除了做甜品糕点，还可以混合香草做意式云吞（Ravioli）的馅料，以及使各式酱汁变稠变滑。

脂肪含量比例高达百分之五十的 Mascarpone，越胖越有魅力，越胖越有能量"带你走"。

## 离离合合

学做 Tiramisu，学谈恋爱，学做人。

要使 Tiramisu 更软更滑，打蛋之后要把蛋白和蛋黄先分开，分别打匀起泡，加糖不加糖都有研究，然后再跟含大量乳脂的 Mascarpone 混合在一起，这种离离合合的过程和经历，似曾相识。

要让 Expresso 咖啡液好好地渗进 Savoiardi 手指饼，不太干不太湿不致影响口感，得用手拈着饼干平放进咖啡液吸了一半马上拎起，反转平放一旁碟中，让咖啡液倒渗回去，一步一步，不得性急。如果贪心贪快，整块饼马上软掉糊成一团，这种教训不也是常常有吗？

至于 Tiramisu 该不该放点甜酒，见仁见智。天生爱吃而且吃得十分有原则的意大利男生 Mario 千叮万嘱我，他家乡的正宗做法是不必加任何酒，理由很简单，初恋本就叫人醉醉的，意乱情迷并不需要酒精相助。

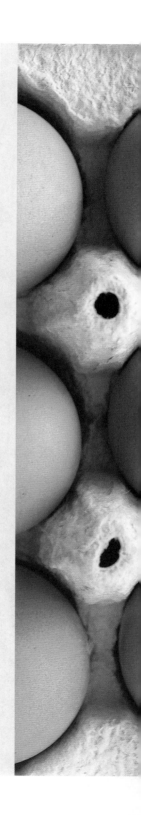

| | |
|---|---|
| 软乳酪<br>Mascarpone | 五百克 |
| 蛋黄<br>Eggyolk | 五个 |
| 蛋白<br>Eggwhites | 三个 |
| 砂糖<br>Castorsugar | 五茶匙 |
| 咖啡<br>Expresso | 两杯 |
| 手指甜饼<br>Savoiardi | 十块 |
| 无糖可可粉 | 适量 |
| 咖啡甜酒<br>Kahlua | 适量 |

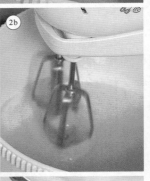

1 /

把鸡蛋敲开，分别盛好五个蛋黄、三个蛋白。

2a—2b—2c /

将砂糖混进蛋黄中，以打蛋器打匀至稠状，盛起备用。

3a—3b /

将蛋白打匀至起泡，以反转盛器也不倒流为准。

4a—4b—4c—4d /

将 Mascarpone 软乳酪、蛋黄糖浆以及适量甜酒加进蛋白泡中一并打匀至软滑状，马上放进冰箱，备用。

5 /

将 Expresso 咖啡盛于平底碟中，拈起手指甜饼吸取咖啡液，小心反转手指甜饼放一旁碟中，让咖啡液倒渗进饼内。

6a—6b /

将冰过的乳酪蛋浆先注一层入碗中，然后将吸满咖啡液的手指甜饼平放做第二层。

7a—7b—7c /

注入乳酪蛋浆，再放一层手指甜饼，最后一层注乳酪蛋浆，然后放进冰箱约四小时。

8 /

冰好的 Tiramisu，上桌前再薄薄撒上一层可可粉。切记吃的时候要小心，一小口一小口地吃，不要让"初恋"给呛着了！

懒得甜美　陈醋草莓伴鲜乳酪

不要以为我一天到晚跑来跑去很忙很努力，其实我很懒。

可以用心地做开胃前菜、第一道菜，主菜也勉强撑出一个格局。但到了甜点部分，就搬出一堆现成的冰激凌呀蛋糕呀水果呀什么的，叫我那群天生 sweet tooth（嗜甜）的挚友经常投诉我没有额外爱心。

也许我在自家厨房太坚持绝对掌权，亲力亲为一晚下来已经无力作战到甜点时段。看来是要下点苦功钻研一下古今中西各种甜而不腻的技巧，一味强调半饱的一大原因，其实也是为了要有一点空间让自己甜美一下。

万事起头难，一下子弄出一个花巧蛋糕又或者焦糖蛋布丁未必容易，但先打打草莓的主意吧。这种原产南美现已植遍各温带地区的鲜红饱满的浆果，成竹在胸鲜有出错。

还记得当年暑假路过加拿大时探访一位儿时伙伴，超级用功的他连暑假也留守校园抢修学分，我无所事事地在他宿舍等他下课，走进厨房打开冰箱看看有什么可以刺激创作，结果只发现半篮田里采来的又大又红的新鲜草莓、半瓶琴酒以及一罐喷气装鲜奶油——因此那个傍晚我们都醉了饱了，肆无忌惮以甜点当主食，最能吃喝的青春高潮，如在昨天。

跟草莓秘密有约，她知道我又馋又懒，我知道她又甜又美——不要只挑那些硕大无朋艳光四射的，小巧一点往往才浓缩集中，真正草莓滋味。

## 真假甜美

小时候吃冰激凌，最不喜欢的就是云呢拿（Vanilla，香草、香子兰）口味。一入口就觉得味道假假的，比不上草莓或者巧克力口味（然而长大后才知道当年的平民廉价版本冰激凌，全都是化学香精调色调味），而且对"云呢拿"这个怪怪的音译写法也没好感，就看那团云是否可以刺激你发挥想象。

然后在冰箱里又看到一瓶小小的像药水的云呢拿香精，是外祖母用来做蛋糕做冰花大菜糕饼甜点用的，仔细看了一下，完全是化学合成物，倒胃口。

几乎从此误会了世上根本没有 Vanilla 的真实存在。

直至很久很久之后在超市的调味货架上看到怪聪明的一个包装，赭黑色的又瘦又皱的树枝模样的 Vanilla pod 被放在一支细细的透明试管里，外面的包装纸说明这是来自大溪地岛（Tahiti）的品种，偷偷打开试管瓶塞轻轻嗅了一下，一种毫不吝啬的芬芳甜美直冲脑门。从此我知道，口腹甜美生活是有源头的，而且都来自这一点也不起眼的烂柴枝。

几经辛苦终于找到一个 Vanilla 较像样的中译名称"香子兰"，它的确也是兰科的攀缘植物。由于已是需求甚多的经济作物，这种原产墨西哥的植物开花之后，都由人工授粉，果实成熟变黄采摘后还得先浸水，然后交替在室内阴干、在太阳下晒干，再收藏半年后才变成赭黑细枝，开始散发奇异香气。

无论是原枝香子兰还是提炼好的瓶装精油，都是香料市场上的高档货，厨房中大家都用得小心翼翼的。最放肆的恐怕是原产地墨西哥帕潘特拉（Papantla）地区的原住民少女，节日里把香子兰枝编辫作髻成后冠，又是另一种自然奔放的甜美。

## 健康无价

饭后不喝酒，我们喝醋。

尝一小口陈年的 Balsamic vinegar，说真的确实比喝一般葡萄酒还要贵。Balsamic，在意大利语中也就是给予健康之意，比酒更浓更醇更芳香更温暖，治疗的也许是心病。

意大利摩德纳（Modena）地区是 Balsamic 陈醋的家乡。当地至今仍保持手工酿制的传统技术，专挑上好的适合酿醋的葡萄 Trebbiano di Spagna，在长达一年的发酵和酸化过程后，原汁已浓缩成三分之一，之后的悠悠岁月中，会用虹吸管把醋液递降式由大桶吸至小桶，每个桶更用上不同的木材，以增不同口感风味。摩德纳地区夏天酷热冬季严寒，这令陈醋的蒸发成熟过程更加细致精彩。

有资格称得上正宗的 Aceto Balsamico Tradizionale de Modena，至少要有十二年高龄。最昂贵的出品甚至用上百年老醋与不同年份的后辈按严谨比例混合——家里平日做菜用的只是五年上下的便宜货色，每次还得微微加热自行浓缩；高价买来的一小瓶十五年摩德纳特产，未有充分借口舍不得用，至今还未开瓶——也许正是如此，不时冀盼想象有天饭后可以尝一口温厚浓郁芬芳至极的时间精华，然后发觉，醋，不是酸的。

| | |
|---|---|
| 草莓<br>Strawberry | 十颗 |
| 软乳酪<br>Mascarpone | 一百五十克 |
| 砂糖<br>Castorsugar | 适量 |
| 陈醋汁<br>Balsamic | 五汤匙 |
| 香子兰籽<br>Vanille | 适量 |
| 薄荷叶<br>Peppermint Leaf | 一株 |

1 /

先将草莓洗净，修短梗部，其中六颗切半，四颗保留全颗。

2a—2b /

草莓放入碗中，加进两汤匙陈醋和适量砂糖略拌，放进冰箱约半小时。

3 /

取出 Mascarpone 软乳酪，拌进适量砂糖。

4a—4b /

剪开香子兰枝，将其中种子用手捏出，与乳酪拌好，放进冰箱备用。

5 /

将三汤匙 Balsamic 陈醋放进小锅中慢火加热，并放进少量砂糖，煮至浓稠状，关火后将陈醋汁置小碗中待凉。

6a—6b /

将乳酪置于碟中，再铺上冰冻腌好的草莓。

7 /

浇上浓缩的陈醋汁，撒上薄荷叶片，赶快一尝鲜草莓与陈醋、香子兰软乳酪的绝配滋味！

# 冷热天地

## 肉桂糖烤鲜果配葡萄朗姆酒冰激凌

继续懒，而且懒得心安理得。

念书时教我们艺术导论的老师是一位前辈级香港雕塑名家，五六十岁的人，牛一般健壮，课余和学生们"打"成一片。某天夜里，大伙儿酒过三巡，老师忽然站起来要赏我们嘻哈一众八字箴言："贪威识食，练精学懒。"——此句广东话传神刁钻一矢中的，是老师口中的艺术家设计者创作人的终极座右铭。

当年年少无知，还以为老师在说反话，笑过了也就算了。多年下来反复实践引证，这八字箴言倒是越来越实，越来越受用——用尽一切机会一切形式表现自己独特的创作理念，此为"贪威"；懂得如何被影响如何不被影响，如何吸收如何消化如何发挥，此为"识食"；懂得如何绕过重重障碍，不走人家的老路，爽快利落，另辟蹊径，此为"练精"；至于"学懒"，就是在大部分人汲汲营营忙得一头烟之际，你却有自成一家一派的闲。

八字箴言贯彻在生活当中。懒，其实也要思想也要努力。就因为面前有这样一堆人家捎来的水果，再不吃恐怕就要熟透烂掉了，又记起冰箱里还有吃剩一半的至爱冰激凌，好，就来个冷热碰撞，冷的更冷热的更热，香的甜的提升到另一层次，懒出一条继续嘴馋的光明大道。为什么不？

## 似曾相识

似曾相识，是感觉最奇妙的一件事。

那年的圣诞节前夕，刻意把父亲从加拿大多伦多舅舅

温暖的家，"胁持"到纽约，就是为了刻意感受一下人家节日前夕的欢腾气氛。

严寒下走在曼哈顿街头，人流如鲫，都捧着提着大包小包的圣诞礼物，一脸兴奋。商厦大厅布置有够夸张的圣诞树，天使装饰堆叠得连树也弯了腰。无意之间走进一间专门卖纸品贺卡的专卖店，面前的节日纸饰更是目不暇接。正叫人心花怒放之际，竟又传来一阵温暖入心的香气，这是什么味道？

最懂得讨好顾客的店主人原来在店内一角设一小摊，赠饮热腾腾的苹果汁。拿着小纸杯喝一小口苹果汁，马上尝到苹果以外的一种似曾相识的滋味——那是，那是肉桂（cinnamon）！

我们常吃的苹果馅饼和油炸甜甜圈都少不了肉桂糖的调味，喝卡布奇诺咖啡以及热巧克力时用力撒得厚厚的也都是肉桂粉。肉桂的原产地斯里兰卡，更把肉桂枝放进咖喱料理中以添加香醇。不知怎的，每当空气中飘散着肉桂的甘甜香气，我就直接想到幸福和温暖，想到那个午后在寒冬纽约的一次奇妙邂逅。

不瞒大家，那天除了遇上似曾相识的肉桂，其实还有别的事情。

## 激凌一夏

这回不是寒冬，是一个热得不能在室外走动的炎夏。

很难想象，纽约的夏天可以是这样地热，热得连人也快要变形快要融掉，所以更不可能在室外大太阳底下吃冰激凌。

对的，吃冰激凌最好是在懒洋洋的午后清幽的家里。那个夏天我寄居在纽约一位老太太的家里，老太太是我母亲的老师，身世传奇，通晓多国语言，（听说她正在学西藏语！）退休前任职于联合国图书馆，是一点也不显老态的年轻人模样。从前我们年纪小，她乘路经香港回内地探亲之便，常常来探望我们，现在我们常往外跑，自然也就到纽约来拜访她。

那天午后，我们一起去逛完画廊，回到家，她问我：要不要吃冰激凌？有吃的，我自然点头。

这是我第一次吃到这么好吃的、颜色却一点也不漂亮的草莓冰激凌，而且品牌名称很难念——Häagen Dazs（哈根达斯）。

那个时候我当然不知道取了一个丹麦名字的 Häagen Dazs，原来是 Reuben Mattus 这位波兰移民后裔在纽约一手创办的冰激凌王国。草莓口味是 Mattus 先生继香草、巧克力和咖啡三种口味之后，用真正新鲜草莓果肉不加人工色素拌进乳品中制成的顶级自然美味。

从此之后，除了在意大利我会放纵地移情别恋当地软滑冰激凌 Gelato，在其他任何地方我都只吃 Häagen Dazs，因为它贵，不是常常随便吃，也就更珍惜极品每一口。

至于当天跟老太太边吃冰激凌边谈的正经事，是她在国内国外生活这么多年对当代中国人的观察：她认为中国人着实欠缺了真诚（sincerity）、好奇（curiousity）和幽默（humour）。事到如今，我们必须为重拾这些做人的优良品质而加倍用功——这个当头棒喝也真够"激"的（这也是为什么我不爱用那柔柔的"淇淋"而爱用厉害的"激凌"的缘故），这么多年过去直到今天我还是把她的这一番教诲铭记于心，当然，还有幽幽午后的草莓冰激凌。

| | |
|---|---|
| 凤梨 | 四片 |
| 蜜桃 | 一个 |
| 油桃（桃驳李） | 两个 |
| 冰激凌<br>（任何水果口味） | 两球 |
| 薄荷叶 | 一枝 |
| 白兰地酒 | 一小杯 |
| 肉桂糖 | 适量 |
| 肉桂粉 | 适量 |
| 橄榄油 | 适量 |

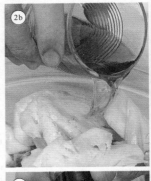

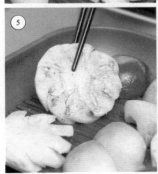

1—2a /
先将凤梨切片，蜜桃与油桃洗净对半切开去核。

2b—3—4a /
将水果盛于大碗中，注入白兰地酒，撒上现磨肉桂糖及肉桂粉，置冰箱约一小时。

4b—5—6 /
烧热坑纹平底锅，用少许橄榄油以中火把腌好的水果烤至表面微微出现焦纹。

7 /
上碟时拌以水果口味冰激凌，放上洗净的薄荷叶片，冷热直击，口感一流！

预留空间 桂花龙眼椰香糯米团

强撑着下去吃吃吃，辛苦得坐也不是躺也不是。

留一手停一下口，应该懂得聪明地给自己预留一个可以继续觅食的空间与可能。

无论前菜主菜多精彩，深信"The best is yet to come"——最好的，常常在甜点时间才来临。

不遗余力大声疾呼半饱就好，是因为深感精彩的甜点带给大家的满足感与愉快程度，往往超越那些隆而重之大堆头的主菜，而厨师们花在准备甜点上的心神与时间，其实一点也不少于主食，当中需要的制作技术的精准和材料分量的配合，更是不能说笑的百分百严谨。

在这个坏消息比好消息多的年头，不难理解为什么有高档甜点自助餐的流行，以及各种主题甜点专卖店的出现。你我理想中的甜美生活未必可以马上兑现，就先给自己来一点甜头支持鼓励一下——

无论外头有多少带严重吓唬成分的瘦身健体产品宣传广告，都不及糕饼店铺新鲜现烤出炉的中式西式日式面包、蛋糕、布丁、水果塔来得震撼，也不及东南亚餐厅及杂货店铺里那一盘又一盘超乎想象的、七色八彩的甜点来得吸引人；还有各式滋润心脾的糖水甜汤、精致小巧的要用北京腔点的御膳点心，以及一切以巧克力为名的千变万化的花样，还有或软或硬的不顾后果的冰激凌……

最近常常在 CD 唱机中反复播放的，是多年前已经认识的小朋友林一峰清新轻柔的床头歌，当中一首 *The Best Is Yet To Come* 深有所感：

Why don't you hug someone,
Just kiss someone,
The best is yet to come.

## 炎夏二哥

究竟做大哥好还是做二哥妙？

不知怎的总是习惯把荔枝封为大哥，龙眼就自然而然地成了二哥。荔枝风头劲，当年进贡上京，吃得朝廷上下火气够猛，自然就把另类清甜的二哥给压下去。反倒是生晒或者火焙后的龙眼肉变身桂圆，还算有点市场。

炎夏火气盛，跟大哥的交往还是适可而止，倒是龙眼不妨多吃，也想方设法安排龙眼跟其他甜点结婚——椰汁紫糯米暂别芒果，与淋上桂花糖的龙眼在一起，是个小小放肆。找个机会让二哥出出位，进退可攻可守，倒是比强做大哥轻松。

# 糖桂花前传

认识糖桂花（桂花酱）之前，先跟酒酿交往经年。

小时候嗜吃酒酿，是上海馆子自家制的用塑料透明小碗独立包装的那种。跟外祖父母上完馆子必定央着买一盒，回家放在冰箱里，不时偷吃。

还未到喝酒的合法年纪，酒酿倒是吃了不少。这种发酵前期的"怪味"，骄傲地深信不是一般同龄小朋友可以吃得消的。酒酿于我，是多一点成人犯罪感觉的另类冰激凌。

然后糖桂花就出场了。也忘了是什么时候吃过的一碗糖桂花酒酿丸子，再三追问这汤里浮浮沉沉香气四溢的是什么物体。之后又竟然让我在乡间认识了高大的桂花树（是否月球上也真的有桂花树？），甚至有让鲜黄桂花细碎飘落一身的体验——此后家里总有一茶罐晒干了的桂花，方便沏茶时酌量添加。冰箱里也有一瓶糖桂花，和自家试制的酒酿再续前缘——

我不识花更谈不上惜花，只知道，桂花香，桂花可以吃。

| 龙眼 | 二十粒 |
| 糯米 | 四两 |
| 紫糯米 | 四两 |
| 椰浆 | 一小罐 |
| 糖桂花 | 适量 |
| 椰糖 | 一小块 |
| 盐 | 少许 |

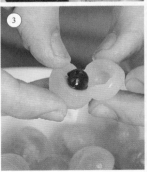

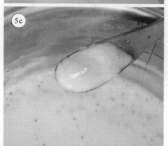

1 /
先将两种糯米各自洗净浸泡六小时。

2a—2b /
将浸好的两种糯米放同一蒸笼内，用隔布分开，蒸约四十五分钟，煮至黏熟。

3 /
将龙眼洗净去壳去核。

4a—4b—4c /
把糖桂花与少许椰糖加热变稠后与龙眼肉拌好，备用。

5a—5b—5c /
椰浆用慢火煮成稠状，放极少盐提提味。

6 /
糯米分别用保鲜膜包裹捏成团状。

7 /
椰浆淋在糯米团上，把糖桂花龙眼肉置其上，口感滋味奇佳，不能不试！

# 包与半饱

## 啃面包吃饼的早午晚

有松软有硬实，有粗糙有细密，有甜有咸，有干有湿……
拿一个热腾腾的面包，捧一张油烫的饼，
手撕小块的，大啖一口的，简单实在的富足。

无国籍早餐　鼠尾草炒杂菌配鸡蛋煎饼

又是一趟日夜颠倒公私不分的出差外游。

半睡半醒，航班下降抵达前究竟有没有吃过机上的早餐，竟然都忘了。反正难吃，就当没吃过算了。海关检查员照例问我从哪儿回来，我竟然一时答不上话——恐怕真的是饿了，我只有饿了才会如此无目标、失方向。

究竟是从什么时候开始变成一只候鸟的呢？是从认定外面的世界很精彩的那一天开始的吧。爱家，但同时也爱家以外一切新鲜的活泼的有趣的。让自己有一个开放的态度多元的口味，东西往来兼容并蓄，混混乱乱当中寻找一个此时此地的定位，流行的术语叫融合（fusion），从爵士乐到饮食，各有千秋地延伸演绎。我倒是喜爱日系的更加飘一点禅一点的叫法：无国籍。因为无，所以有，混沌中更有自己开创出来的一片天地。天大地大，无国籍的凄美自由与无政府的革命浪漫，当中理念不尽相同却也关系千丝万缕。

好不容易拖拉着沉重行李回家，时间分明已到午后，但身心状态告诉自己十分需要一顿好好的早餐。打开冰箱挑战创意，怎样把伙伴留下的一堆杂菌、半盒鼠尾草、两个鸡蛋，还有冷藏的煎饼，又快又好地给自己做一顿早午餐。越饿就越急，越急就越有创意。不到十分钟大功告成，一盘鼠尾草炒杂菌，还配上煎饼和鸡蛋，吃罢抹抹嘴，竟然一阵睡意袭来，噢，原来刚才吃的是宵夜。

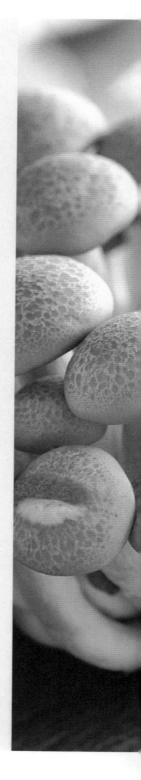

## 猫鼠共处

该怎样去形容鼠尾草（sage）的独特香气？

有如刚砍开的木材一般芳香清冽？又或是像樟脑或者青草般苦涩辛辣？我的大厨老友 R 甚至用上 feline 及 feral 这两个形容词（如猫一般野的）来描述鼠尾草——起初觉得 R 有点夸张，但回味一下又真的觉得鼠尾草有猫的"气味"，那一种由淡转浓的骚，那一种由静至动的猛，恰恰它又叫"鼠尾"，猫鼠原来是一家。

长满白茸茸细毛的长长细细的鼠尾草，每次拈在手中都忍不住揉呀揉出它的特殊芳香，我是对那些带有"药味"的香草格外有好感吧，仿佛吃下去就可以百病消除——镇静，解热，镇痛，帮助消化……难怪鼠尾草也经常出现在肉类和乳类的烹调中，平衡互补从来是饮食之道。

鼠尾草的英文 sage，源自 salveve 这个拉丁语，有"救治"的意思。至于 sausage（香肠）一词，sau 是猪，sage 就是做香肠时不可缺少的消除肉腥和过量油脂的香草材料。鼠不仅可以和猫在一起，和猪和牛和羊也都能和平共处，真好。

## 不妨撒野

谁要我乖乖的，噤若寒蝉不做梦，我就野给他们看。

从小就知道不要做温室里的、象牙塔里的、受保护（其实是受禁制）的小动物小植物，后来更发现野生的原来更天然更高贵，于是更大胆撒野。

　　走一趟菜市场，摊贩里越来越多各式菇菌出现。早就在位的蘑菇、草菇、鲜冬菇已经熟悉不过，近年人工养殖大量生产的金针菇、鲍鱼菇、鸡腿菇、秀珍菇、本菇都很受欢迎，更有相传具有营养与神奇疗效且口感不俗的茶树菇、猴头菇、牛肝菌、黑虎掌菌、珊瑚菌等等，来自五湖四海不时曝光，有培植的，有野生的，价格明显有别，一看长相，柔弱纤细的版本都是人工货色，壮粗泼辣的自然就是野生的。

　　不晓得市面上出售的一般菇菌（尤其是野生的），有没有像北欧或者意大利一样，经过严格的测试检定？野，就是可能有毒，就有这么一点点刺激成分。说到菇菌的营养价值和食疗功效，足够写一叠论文，其实馋嘴如我，还是最关心菇菌的质感与滋味——一千几百种菇菌的烹调方法中，不是每个人都受得了把它们生吃，但最方便买到的蘑菇其实就是适合凉拌生吃，入口你会怀疑，为什么就像吃鲜嫩的鸡肉一样！

　　有心追寻菇菌美味不妨尽情地撒野，山野传奇往往比都市故事有趣多彩。

| | |
|---|---|
| 蘑菇 | 三个 |
| 金针菇 | 一束 |
| 本菇 | 一球 |
| potebello 菌 | 一个 |
| 鼠尾草 | 三棵 |
| 鸡蛋 | 一个 |
| 橄榄油 | 适量 |
| 黑胡椒 | 适量 |
| 海盐 | 适量 |
| 冷藏煎饼 | 一块 |

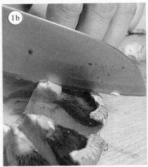

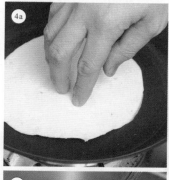

1a—1b—1c /
先将蘑菇和 potebello 菌用小刷子刷掉表面泥巴，切片备用。金针菇和本菇切走根部末端，备用。

2a—2b /
将鼠尾草叶片择好，放到烧热的油锅中慢火炸透，让香味渗进油中。将炸好的鼠尾草起锅，备用。

3 /
将所有杂菌下锅炒软，熄火。

4a—4b /
慢火把煎饼煎成两面金黄。

5 /
煎一个鸡蛋。

6 /
炒好的杂菌、煎鸡蛋及煎饼同置一边，撒上炸得酥脆的鼠尾草。心血来潮，丰富早午餐共同体！

早晨纽约　生熟鲑鱼焙果

天还未亮，我不肯定我究竟醒来没有，也就是说，也不肯定有没有睡过。

到了纽约已经两天，还是晨昏颠倒的像个游魂似的，从这间家具店走到那间画廊，从这个设计师的当季衣裤鞋袜堆中走到那二三手书店的层层叠叠的旧杂志丛中，浮华世态，纽约看不完，文明叫人累。

累了又睡不着，唯有等肚子饿，可以开始吃。奇怪的是又不怎样饿，所以没有光顾街角那二十四小时营业有如画家爱德华·霍普（Edward Hopper）经典油画情境中的孤独路边小饭店。明知道吃不下那超大份的煎蛋、碎牛肉和薯饼，喝不完续杯咖啡，反而对另一端街角那犹太小熟食店（deli）很有期待，脑海里不断浮现的是那一个又一个焙果（bagel）。

床头小闹钟指针勉强走到七时一刻，走近窗前向外望正好就看到犹太 deli 的正门，还是灰灰未全亮的街上已经排了一条小小人龙。从四面八方潮涌到曼哈顿讨生活的上班一族，早餐是一个涂满奶油软乳酪（cream cheese），夹上熏鲑鱼（lox）、番茄片和生洋葱的 bagel，再来一杯咖啡或者茶，纵然刻板惯性，毕竟也是美味的开始。

作为一个路过的，凑兴排同一条队伍，有点紧张地跟大家点同一份早餐，然后走到不远处的公园去找一张长凳坐下，面前是一身汗水的晨跑者，吃一口茶，咬下去

bagel 够有嚼劲。十分钟后早餐礼成，神清气爽深呼吸吐一句：Good morning，New York！

## 传世韧劲

如果你告诉我 bagel 的故事，我就告诉你油条、牛腩酥和咸煎饼的传说——我跟纽约男生 D 这样交换情报。

来龙去脉众说纷纭，当中比较可信的是这一个说法：bagel 源起 1683 年的维也纳，时值土耳其人入侵占领当地，与入侵者顽抗的有波兰骑兵外援。战后有部分骑兵退役留下，经营的小咖啡店开始售卖一种扭成马镫状的面包，以纪念当年御敌的英勇同僚。德文中的 buegel 就是"马镫"的意思，分明就是又叫 beigel 的焙果的词源。

bagel 跟一般我们常吃的现烤面包口感稍稍不同，外皮韧韧的很有嚼劲。这是因为做 bagel 的面团在发酵后，要先放进正在沸腾的混有麦芽糖浆的热水中浸泡三十秒，然后取出来再撒上所需的芝麻、洋葱屑、蒜粒或者葛缕籽，烘焙才正式开始。

从东欧移民纽约的犹太族群，把这种家乡传统食物在新大陆新家园发扬光大，使之成了家喻户晓的美式食物。加进奶油乳酪和熏鲑鱼的吃法，恐怕是又要另行考据的典故，至于自家版本把鲑鱼刺身也"混"进去，就只有嘴馋这唯一的理由。

## 千万镇静

芬兰赫尔辛基，远洋渡轮码头旁重修得格外标致的传统鱼市场，是馋嘴如我者的觅食好去处。几十种不同香料口味、不同咸淡软硬口感的当地特产烟熏鱼片，指指点点吃得乐得疯了。

看来鲑红漂亮的也顾不了是什么价位，正要一啖下去的时候被鱼摊老板叫停。慢着慢着，他递来一小束新鲜莳萝叶，撕碎跟鲑鱼一起入口，匹配成一绝！

鲜绿的莳萝叶片细细密密，以手轻揉散发茴香的芬芳清凉。英文唤作 dill，源自北欧古语 dilla，就是镇静的意思。莳萝籽泡茶，是用来安抚哭泣小孩的传统古方，英国人更索性让小孩在莳萝暖水中泡浴，拍拍抱抱都变成乖宝宝。

因此我忽然明白鱼摊老板递过来莳萝叶的真正意义，他就是希望我稍稍镇静，千万要自我检点一下，这样吃吃吃，半饱原则恐怕又再不保！

| 焙果 | 两个 |
| --- | --- |
| 鲑鱼刺身 | 八片 |
| 熏鲑鱼 | 六片 |
| 紫皮洋葱 | 半个 |
| 番茄 | 两个 |
| 莳萝叶 | 两束 |
| 奶油乳酪酱 | 适量 |
| Rocula 生菜 | 适量 |

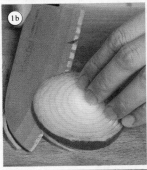

1a—1b—1c /
先将番茄洗净切片，紫皮洋葱洗净切圈，莳萝叶洗净切碎。

2a—2b—2c /
把刀洗干净，将鲑鱼刺身切粒，用叉将熏鲑鱼片捣成蓉，莳萝碎叶加进拌匀。

3 /
将焙果按住从中切分两半。

4a—4b /
将奶油乳酪酱涂于切开的焙果上，铺上 Rocula 生菜叶及番茄片。

5 /
再将鲑鱼刺身粒及熏鲑鱼蓉铺进，放上数圈紫皮洋葱。简便高贵，绝不介意早午晚餐都是面前的独特美味！

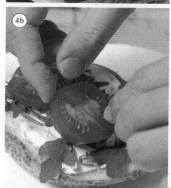

近厨得食　焦糖洋葱橄榄烤面包

亲爱的 R 你可好？最近又吃过了什么厉害的？又发明了什么精彩的给大家吃？

R 是个厨师，胖胖的小平头，澳大利亚人，一看就知道是自小贪吃爱吃的那些赖在厨房不愿长大的 Peter Pan（彼得·潘）。

跟他刚认识的时候他人还在香港，是一家新派西餐厅的主厨。来港之前他已在伦敦好一段日子，在一流的酒店餐厅厨房受训。来到香港换了一个舞台，又是一番刺激——新的环境新的工作伙伴新的食材，对于创意十足的厨师来说是一个技痒的挑战。

跟他在中环的传统市场左穿右插，他以有限的广东话，已经与水果摊卖草莓的阿姐、把番茄堆叠得有如装置艺术的母女俩，以及鸡鸭摊的老板，都混得很熟。一个颇有分量的大个子洋人，在市场里活泼兴奋地跑来跑去，实在也很引人瞩目。

在大厨身旁，当然偷师学艺。R 很慷慨，亲手示范了不下十道拿手美食，更手抄了一叠食谱给我参考。我这个八卦的徒弟一边看一边问，也不忘留意 R 什么时候随手撒一把香料下几匙糖，这都是秘技之所在。

小小厨房其实天大地大，可以玩可以试可以学的实在很多，更何况是不能出错的专业厨房。看过 R 累得要命的时候，但更常见的是他对食物的无限热情，对厨艺的要求与执着。

这一道焦糖洋葱橄榄烤面包，是 R 亲手教我的其中一道又简单又神奇的美味。师傅现在更进一步，在欧洲某领事馆的官邸掌厨，我这个曾经近厨得食的业余小徒弟，一直冀盼有天可在厨房再请教他为什么可以把鸡烤得这么嫩，同时如何在百忙中依然可以轰轰烈烈爱一场。

## 橄榄公路

发誓不再买罐头装的橄榄！

不知怎的有一次大胆地在超市货架上随便拿了一罐黑橄榄，心想试试一向买的玻璃瓶装的与专柜散装的有什么不一样，果然就吃到了最糟糕最没有生命最软弱的橄榄。

也许不是橄榄本身的错，把它们装罐密封才最致命。橄榄原有的那种富有弹性的口感一旦消失，就像在嚼人家嚼过的口香糖。

爱吃意大利菜、西班牙菜，兴奋前奏往往就是餐前那一小盘各式橄榄。馋嘴贪吃的当儿没有怠慢，面前油绿的、亮黑的、深棕的、暗紫的、哑灰的甚至酒红的橄榄光是看已经高兴，细细嚼起来你可以分辨出不同层次的咸和甘、脆和嫩，这颗用红辣椒渍腌过，那颗酿进了杏仁，这颗跟橘子皮一起，甜甜苦苦的，另一颗应该用月桂叶和俄勒冈（Oregano）香油浸过，清香独特……橄榄一小颗一小颗，都有来处都有学问，连同更精彩更高贵的橄榄油，研究专书可以放满一柜。

最放肆是那一回跟朋友租了车从西班牙巴塞罗那一路南下到马德里到塞维利亚甚至最后渡海到摩洛哥，出发前疯起来在巴塞罗那最漂亮的传统市场 La Boqueria 里面的橄榄专售摊买了两"桶"不同口味的橄榄。人家辛辛苦苦地开车，我却舒舒服服坐在后座，而且一路忍不住把橄榄吃呀吃的，偶尔给前面的司机一点奖赏。一味地吃，当然不知道走的是第几号公路，但也很守规矩，没有把橄榄核随手往外扔——也许不必，因为沿路山野间，都是苍劲十足的矮小绿树。树，就是橄榄树，那一种绿，就是橄榄绿。

## 快乐眼泪

大家都怕切洋葱，因为都怕掉眼泪。

我倒是很变态地享受那一汪眼泪：层层剥开那有若纸片的金黄外衣，从粗糙到幼嫩，一刀两刀切头切尾，多汁白肉里的硫黄素四溅，入眼化成硫黄酸，眼泪就涌上来了——也就是高潮所在。

哭过就要笑了，笑着想起的是生吃洋葱那一种辛辣清甜，然后是把洋葱放在牛油里慢火炒拨的那一种馥郁香浓，还有的是法国洋葱汤那种丰厚甜美、美式洋葱圈那种香脆可口……

很多人只当洋葱是烹调的配料，我却常常把洋葱当成主菜，炒一个洋葱撒点香芹放点盐，烤一块好面包，其实就是早期英国农村典型的 ploughman's slunch，俄罗斯和中亚地区更原始，生洋葱配黑面包已经是很道地的午餐。

作为半个洋葱迷，很想有机会在春季时候跑一趟西班牙加泰罗尼亚（Catalonia）。当地居民欢度洋葱节的主要"仪式"是把当季的新嫩洋葱放在葡萄藤架上现烤，吃的时候蘸上大蒜和烤杏仁酱汁。秋季巴塞罗那地区的洋葱节，却是把肥美的大洋葱整颗现烤趁热吃，光是想想也开心得掉泪。

| | |
|---|---|
| 洋葱 | 一个 |
| 橄榄 | 二十粒 |
| 蒜头 | 三粒 |
| 砂糖 | 适量 |
| 百里香<br>Thyme | 适量 |
| 法国长面包 | 半条 |
| Rocula 生菜 | 适量 |
| 白酒 | 两百毫升 |
| 橄榄油 | 一百毫升 |

1a—1b /
先将橄榄去核取肉切碎。

2a—2b—2c /
再将洋葱切细丝，蒜头切细粒，百里香叶切碎。

3a—3b—3c—3d /
将所有材料下锅，以橄榄油文火慢炒，将白酒徐徐分数次注入，再加上少许糖、盐及胡椒调味。

4a—4b /
慢炒至少半小时直至洋葱完全柔软微焦，起锅放入碗中加入橄榄肉拌匀成酱，备用。

5a—5b—5c—5d /
将面包切段，底面分半，蘸上备好的橄榄油，放进烤炉烤好。

6 /
将洋葱橄榄酱厚厚地置于烤香了的面包上，上碟时配以 Rocula 生菜及原颗橄榄，再撒上少许新鲜百里香，趁热一尝难忘美味！

吃出生机　蜜糖麻酱全素春卷

自问不是深谋远虑的人，很多决定，都在一瞬间，凭直觉。

决定要搬新的工作室，是因为去探望朋友的时候，人家的工作室有两整排落地玻璃，看得见外头早晚天光云影和一小角海港，还有周遭新新旧旧的高低楼房横巷后窗，忽然感觉到一种叫人兴奋的人气和能量。当我知道同一栋大厦低层同一朝向还有出租单位，OK，就是这里！

搬进来安顿好再走出去熟悉一下周围，才突然发觉这栋商厦的前后左右垂直平行以及斜斜上坡的横街窄巷，都是传统露天菜市场，有鱼虾蟹有猪牛羊鸡鸭有瓜果菜有粮油杂货，甚至有生鲜草药，更喜欢它用的是 wet market 的英文叫法，湿湿滑滑走起来既兴奋又小心，正是神髓精华所在。

既然我的所谓工作室是以工作为名玩乐为上，周围四通八达的街市就是最佳的游乐场。一天到晚钻来钻去，跟街角水果摊大婶买来当季的上海来的大颗枇杷，就是那个无可取代的枇杷黄色，找个盘子放在会议桌上是最佳静物写生格局。斜坡那端有卖豆腐豆芽豆干的阿伯，每天早上还有新鲜热辣的豆腐花，再走过去你会发觉卖蔬果的阿姐和卖鱼的阿叔，都是创意洋溢的装置艺术家，每天堆叠起七色八彩的新鲜食材。露天摊贩旁边也有一排小铺，有卖泰国香料杂货的，有卖自家制手工粉面的……眼前一亮给我发现了有个老师傅在粉面铺里现做新鲜春卷皮，心血来潮就买他半斤——

传统露天菜市场是最缤纷最有生命力的地方，管他外头政经环境危困低迷，菜市场还是永恒的鼎沸热闹，生机

盎然。无论有多少更高档更干净更货色齐全的大型超市，湿湿滑滑甚至有点脏的传统市场还是值得保留，不能被替代。

## 我的蜂蜜

其实我很依赖。

有一年不知怎的患上了鼻子过敏，早上起床后不停打喷嚏、流鼻涕，折腾到头都昏了。从来怕吃西药的我四处求救，朋友马上传来有效处方：起床后空腹吃两汤匙蜂蜜和着半勺苹果醋，再喝一杯冷开水。蜂蜜指定是新西兰的优质麦卢卡（Manuka）有机蜂蜜。

说来也神奇，乖乖地按着处方吃了不到一星期，鼻子过敏就完全好了，从此没有再复发——也就在这短短几天里，我爱上了蜂蜜。

大概没有什么人会抗拒蜂蜜。小时候只知香甜可口，现在更了解到蜂蜜不仅能根治鼻子过敏，更对消化不良、肠胃气胀、肝热便秘等病状有显著疗效。一向匆忙紧张的我容易胃痛，蜂蜜就成了我的胃药，是我除了护照以外出门随身的必备品。

当然不是那些有如开水的烧烤调味用的便宜版本，身旁有食疗效用的活性麦卢卡蜂蜜，稠得几近固体，而且价格也不便宜，蜜到浓时，钱不是问题。

每天早起先喝一杯调入三大勺蜂蜜的冷水（热开水会破坏效果），再喝一杯加了盐和柠檬汁的热开水，已经成了几年来的指定健康动作，着实也不很理会是否有什么神奇功效，反正通体舒畅，感觉良好——

我的确很依赖蜂蜜，遇上真爱，开始懂得什么叫不离不弃。

## 卷出创意

细细尝，慢慢吃，固然是一种必须再三强调的生活态度，但在这样一个以速度挂帅的年代，唯有希望快也快得有点质素。

众多快餐店在斗新鲜招数，当中有推出以"Wrap"作主打的。Wrap，也就是我们的"卷"：用一张白面粉皮——麦粉皮、菠菜面粉皮甚至蛋皮，把一概切得极细的素的荤的馅料放入，然后浇上不同的酱汁卷起来，干净利落方便入口（如果不是太贪心卷成树干一样的话），实在是一种很可以让创意发挥的"包装"。

各地传统食谱中其实都有"卷"，法国经典甜点Crepe、墨西哥的香辣多汁的Tortilla……直到现在，一年里头还是有那么一两回央求母亲颇费周章地弄一顿福建家乡薄饼：得花上一整天把胡萝卜、高丽菜、豆角、芽菜、猪肉、鲜虾全都切成细丝，一锅熬煮，再配上各式或甜或酸或麻或辣的调味蘸酱；碎花生、大地鱼干酱……小时候一口气可以吃他八卷十卷，现在勉强只能吃四卷，而且每回亲手卷薄饼的时候，一家人都会轻轻抱怨：为什么现在的薄饼皮没有从前的软和韧，太厚太硬一不小心一卷就破——

如果政府真的有心有力去承先启后开发创意，我倒建议该从复兴救亡濒临式微的手工薄饼皮开始。

| | |
|---|---|
| 苹果 | 一个 |
| 绿豆芽 | 适量 |
| 苜蓿芽 | 适量 |
| 芦笋 | 八条 |
| 胡萝卜 | 一个 |
| 小黄瓜 | 两条 |
| Rocula 生菜 | 适量 |
| 黑、白芝麻 | 适量 |
| 春卷皮 | 六张 |
| 蜂蜜 | 三汤匙 |
| 麻酱 | 三汤匙 |

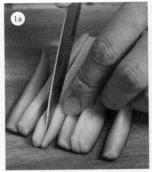

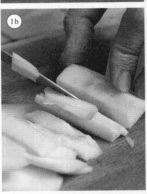

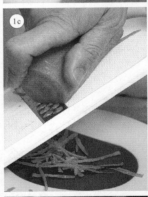

1a—1b—1c /
先将小黄瓜洗净切条，苹果去皮切条，胡萝卜去皮刨丝。

2 /
将芦笋汆烫，待凉备用。

3a—3b—3c /
先将麻酱用橄榄油稀释，与蜂蜜拌匀。

4a—4b—4c /
绿豆芽略汆烫沥干水，Rocula 生菜及苜蓿芽均洗净，备用。

5a—5b—5c /
将各种材料配搭放在春卷皮中，浇上调好的蜂蜜芝麻酱，卷成细卷，上碟时对切成两份，浪漫一口痛快！

# 不只滋润

## 回家喝汤真好！

喝汤，是在喝时间的精华。
让那些廉价的贵重的食材物料在汤煲里上下翻滚互混，
让慢火细细熬出那一室温暖的香气。
初次下厨一不小心煲汤煲干了水，
不打紧，告诉人家过程比结局重要，
那么几个小时的立体，享受已经不得了。

偷来美味　白酒贻贝奶油汤

交朋友要小心，尤其是交上馋嘴好吃的朋友。

与 W 的一段美味关系始于多年前的一次访问，同侪中传说有一个厨艺高手，同时是时装设计师、美术指导、旅游作家、摄影师，而且家居十分有个性，一进门就是厨房，屋顶还有可以呼朋唤友饮饱食醉的秘密花园……这样的一个人当然要认识，找任何借口也要跟他做个访问——

果然这一切都不是传闻，爽朗健谈的 W 真材实料，一见如故谈笑风生。最叫人感动的是，访问在他家厨房开始，更以一顿简便的美味午餐结束，我清楚地记得那天他巧妙纯熟地舞弄出一整盆叫人佩服的白酒贻贝奶油汤，其鲜其美，至今难忘。好客的 W 还下了点意大利面，放进越熬越香浓的汤汁中，绝配！

大家都忙，可是一有机会与 W 碰面，还是天南地北，兴奋畅快。两个男人谈起生活中的琐碎家常，包括如何 DIY 一张清水混凝土咖啡矮桌，在什么地方买得到又便宜又好的番红花（saffron），以及如何看似闲散但其实很努力很顾家……凡此种种，互相支持鼓励，前中年 buddybuddy 的兄弟榜样。众多共同点当中，馋嘴好吃是第一共识，而且都身体力行下厨舞弄，爱吃又爱做。

所以我知道 W 不会介意我在这里公开初相识那天的午间美味，半偷半借，美妙回忆靠美味保留传播。

## 一半的荣耀

那一个午后，认识了月桂叶。

正在开放式厨房中忙碌舞弄的 W，忽然嚷叫起来：我的月桂叶跑到哪里去了？

厨房中的忙乱是一种乐趣，作为客人的我当然也恨不得参与其中。结果在抽屉的一角终于找到那盛着最后两片叶子的小玻璃瓶。啊，原来月桂叶就是这个样子。

一片普通不过的干燥叶子，用手一再轻揉就会发出甘甜以至浓烈的气味。这就是远在希腊罗马时代，一群诗人学者和奥林匹克运动会优胜运动员被授予荣誉时，戴在头上的用月桂叶做成的"桂冠"。时至今日，月桂叶被广泛应用到浓汤、咖喱、糕饼甜点的烹调中，"胜利"地成为不可缺少的香料，也许该颁一顶桂冠给自己。

月桂叶被喻为香料中长相最普通最不招摇但也最厉害的"大姐大"，其独特性格表现在她喜好"中途离场"——放进锅中跟其他食材一同烹煮，月桂叶煮久了容易出现苦味，所以要留意在中途时取出，留下的才是那应有的画龙点睛的特殊甘香。

能够功成身退，甘作衬托而不好胜逞强，在翻滚沉浮的一"锅"日常世事中，月桂叶竟然给我们莫大的启迪。

老实说，离场带走一半的荣耀，并不简单。

## 好吃好色

来到比利时，无论是在有点太严肃的首都布鲁塞尔还是在忽然放肆的时装潮流重镇安特卫普，不能不喝的是各式浓淡的啤酒，不能不吃的是各种酱汁烹调的贻贝，（配上该杀的炸马铃薯条！）不能不买的是吃得黏得一口一手的巧克力。

生鲜的贻贝比较少出现在我们中式的日常饮食中，但不要忘了广东人爱用来煲汤的淡菜，也就是晒干了的贻贝。历代皇室贵族深知淡菜补虚助阳、滋阴去热的食疗功效，所以淡菜一直都作为贡品，有"贡淡"之称。至于当年还未人工养殖的这种海岸珍品为什么会被称作淡菜，取一个这样事不关己的素雅名字，倒也让它留点空间，并不急急查证。

贻贝又叫孔雀贝，这恐怕是跟它外壳上常常出现的一抹亮丽有如孔雀绿的青色有关吧，有绿就有红，贻贝嫩肉那一片鲑鱼红，也是同样突出。好吃的人必须都好色，面前简单一盘就用白酒和洋葱烹调的贻贝已经色香味俱全，加进奶油多了丰厚的满足，至于用太多番茄甚至咖喱煮得酱汁稠稠的，或者用大量蒜蓉去烤去焗，都略嫌抢走了贻贝本身应有的鲜美。

在巴黎挚友家里弄一顿晚餐，买来小号的新鲜贻贝做白酒奶油汤，弄一锅汤不用二十分钟，可是之前动员众人替贻贝"洗澡"却花了个把小时！

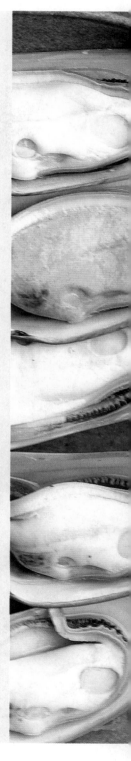

| | |
|---|---|
| 急冻半壳贻贝 | 十只 |
| 红葱头 | 八个 |
| 洋葱 | 一个 |
| 月桂叶 | 两片 |
| 鲜奶油 | 一百毫升 |
| 清鸡汤 | 两百毫升 |
| 白酒 | 两百毫升 |
| 青葱 | 两棵 |
| 黑胡椒 | 适量 |
| 牛油 | 适量 |
| 面粉 | 适量 |
| 橄榄油 | 适量 |

1a

1b

1c

2a

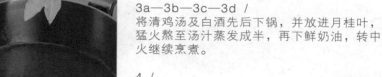

1a—1b—1c /
先将洋葱、红葱头切碎成粒，再将青葱切细长段，备用。

2a—2b—2c—2d /
将洋葱、红葱头用橄榄油炒软，现磨黑胡椒调味后再下牛油一小块，并将面粉下锅略炒。

3a—3b—3c—3d /
将清鸡汤及白酒先后下锅，并放进月桂叶，猛火熬至汤汁蒸发成半，再下鲜奶油，转中火继续烹煮。

4 /
取出月桂叶，将贻贝下锅约五分钟后熄火。

5 /
最后撒进青葱段，鲜甜香浓的贻贝奶油汤大功告成！

泰兴奋　香辣椰汁虾汤

说来惭愧，我不下十次的泰国旅游经验，都是吃的经验。

金碧辉煌的皇宫没有去过，缤纷热闹的水上市场也都错过了，只因为每回都是完全松懈地睡到日上三竿，然后是泳池边躺着餐桌旁坐着，还有各式各样按摩连场，半醒半睡半饱半饿，对于平日习惯忙个不亦乐乎的我，第一次明白什么叫闲着，什么叫奢侈——虽然这里一切消费价格实在便宜。

一天到晚喝不完的果汁、调酒、特饮，吃不尽的点心小吃。正餐要上菜的时候，其实也只能动员有限的胃纳及所有的味蕾，去感受这丰富而细致的滋味——也许是还未习惯的一种昏热一直闷着闷着，反而强化了对周遭一切色香味的敏感：甜特别甜，咸特别咸。苦、辣、香、辛都加倍，吃出一身汗，淋漓痛快。前半段还守得住半饱、半饱，到了甜点时间就肆无忌惮了。

从炸得酥香拌着小黄瓜酱的鱼饼和虾球，到酸辣醒胃的青木瓜凉拌和烤牛肉凉拌，以及那芬香浓郁的绿咖喱鸡红咖喱鱼，甚至只是来一盘拌有豆芽豆干，撒满花生粉、辣椒粉以及砂糖的干炒米粉，一小碗椰子汁酸辣鸡汤，都足以越吃越兴奋。甜点时间的椰汁布丁和蒸南瓜椰糕芒果糯米饭，吃不下的话看看也都高兴。

当然知道，除了吃之外，泰国还有悠远的文化历史，但一切一切滋味感觉，不妨都从可口美食开始。

# 回味椰香

椰子汁的清甜香浓，是一种矛盾互补的重型回忆。

可能由一粒甜得厉害的真材实料的椰子糖引发，也可能是一杯有嫩肉椰子的冰激凌触动，曾经每天大喝一杯稠稠的鲜榨椰子汁（椰青水又是另一回事）——我的童年椰子汁经历，是家里至亲至爱的老用人用椰刨把鲜椰子肉刨成蓉，然后榨出椰浆，滤过后加入蛋糊和砂糖，蒸成南洋甜食"咖央"。

这又甜又腻又香又滑的椰子汁咖央，蒸好之后放在冰柜里，是我和弟弟妹妹早晚心痒偷吃的目标，（同样有分量的是用猪油及砂糖煮成的芋泥！）一勺又一勺，到最后只剩下空空如也的大碗。同样嘴馋的长辈也懒得追究，深懂言传身教，对终极美味的冀盼渴望追求是一种无敌的家传秘技。

传统中菜以椰香作主打的始终不多，所以椰子始终有点异国风情。今时今日也越来越无所谓饮食正统，漂流移动才是新世代的性格与特色，一如当天从树上掉下来落到河里逐水漂荡的椰子。

## 风骚香茅

　　常常被身边人吓唬，没有你，地球照样转，世界照样美。
没有我当然事小，可是如果这个地球没有了香茅，整个
东南亚菜系就未必可以如此丰富多彩。

　　看过一个含有香茅成分的洗发精的广告。插图上画的是
一个黄柠檬和一片鲜嫩青草，没错，香茅是叫 lemongrass，
但这种禾本科的植物其实跟柠檬无关，甚至拉扯说香茅散发
柠檬芳香也着实有损其独特性格。

　　喝一口清凉透心的香茅香茶，空气里飘浮的香氛以及燃
点的香味蜡烛也凑巧是香茅味道。想起多道东南亚以至印度
菜式中都有香茅的不同运用，香茅提供的是嗅觉和味觉的
享受，除了靠近根部极嫩的两三厘米可以切片切丝加入凉拌
中，其余的都因为纤维太多太硬，不宜食用。这当中又隐隐
然有一种安排。

　　该怎么形容香茅的鲜洌清香呢？只能说，这就是香茅。

| 大虾 | 四只 |
| 椰浆 | 一杯 |
| 卡菲柠檬叶 | 四片 |
| 香茅 | 两条 |
| 泰国圆茄子 | 四个 |
| 泰国茄豆 | 二十粒 |
| 红辣椒 | 两根 |
| 金不换 | 两棵 |
| 南姜 | 一块 |
| 现磨海盐 | 适量 |

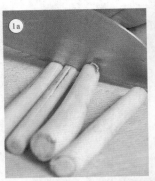

1a—1b /
先将香茅切段，剥去过硬的表皮，取细嫩部分，再对开切细条备用。

2a—2b /
茄子洗净去蒂，切块备用。

3a—3b /
南姜洗净切片，辣椒洗净去籽切丝。

4a—4b /
烧热油锅将以上材料下锅炒香，并注入一杯清水煮沸。

5a—5b /
将洗净的卡菲柠檬叶及茄豆放入锅中，转中火再煮十分钟。

6 /
将金不换洗净沥干水，摘出叶片备用。

7a—7b /
将大虾洗净放入锅中，待大虾蜷曲变红即转慢火。

8 /
注入椰浆，以现磨海盐调味，微热即成。旅途回忆私家演绎，一试身手由你评分。

半醉不醉　火腿香瓜柠檬酒冻汤

很奇怪，我的父亲竟然不喝酒。

小时候总会很骄傲地跟同学说，我的爸爸不打麻将，已经自觉很与众不同。但不喝酒，倒真的推翻了一般人眼中艺术家必然好杯中物的看法。他只一味地喝茶喝水，这么多年来，创作灵感依然源源不绝。

我们家从来没有出现过那些粤语长片中某些父亲出场亮相的经典镜头：三更半夜，在外头喝得烂醉的父亲手持喝剩的三分之一瓶酒——古旧一点穿唐装的拿的是孖蒸米酒，新派一点穿西装打着松垮垮领带的手持的是白兰地威士忌——推进门内借醉生事又叫又闹，然后妻子被吵醒出来破口大骂，兄弟姐妹也在睡梦中惊醒，之后家无宁日祸及鸡犬，再来一段悲情的罐头音乐——唉，一切都是因为父亲多喝了酒。

难得我家父亲比我还清醒得不喝酒，我也倒没有向他问个究竟。自小看着父亲在家里案前画画写字，他只一味骨碌骨碌喝茶喝水，跟他跑到荒山野岭街头巷尾写生素描，大热天时他甚至连汽水也不喝，背囊里还是一瓶冷水一壶热茶，可见被周遭人称作"老好人"的父亲，不醉是他做人的原则和态度。

倒是作为儿子的我间或会喝他一瓶半瓶红酒白酒，求那一种半醉的感觉。曾经怂恿老父，他却不为所动。加上最近刚做了白内障的眼部手术，他笑眯眯地告诉大家以后可以更清楚地"面对现实"，看透这个世界，醉，并不需要。

总想让父亲尝一下微醉的感觉，我只好暗度陈仓悄悄把酒放到做的菜里去。

## 他来自帕尔马

跟意大利人交朋友，该先探听一下他或者她的家乡在哪里。

Michele 念的是生化工程，在大学当研究员，同时却是一个超级漫画迷，积极出版漫画同人志，这是我跟他认识的原因。一见如故，他热情地请我下一回到意大利一定要到他家里走走，一问他住哪里，不得了，他家在帕尔马（Parma）。

三个月后我在他家里出现，为了见他——也为了帕尔马的闻名全球的风干生火腿（Prosciutto Crudo），以及同一地区的另一意大利国宝——帕米基诺雷基诺硬乳酪（Parmigiano Reggiano）。

迫不及待，来到帕尔马的第一个午后，已经溜出去找我的火腿与乳酪，终于闯进一间颇为高贵的餐厅，算是奖励（？）自己，吃了一整盘不必香瓜伴碟的生火腿，还有芦笋和乳酪馅的意大利云吞，百分百满足到胸口。

至今依然严格坚持用传统方法腌制的帕尔马特色风干火腿，猪只饲养时喝的是同样用来制 Parmigiano 干乳酪的乳清，吃的是玉米和其他天然饲料，火腿用的一定是猪后腿，工人用整个月时间把加了硝的盐巴用手"按摩"进去，直到盐分完全渗透进肉内，然后在通风室内悬挂风干，需时十二至十六个月，其间猪腿的净重会减少百分之三十，成品亦必须至少有十至十一公斤才算合格。

那种黏滑那种咸香那种细软，只有帕尔马的风干生火腿才得天独厚，这也是当地民众对传统食材尊重热爱、执着坚持的成果。

当然，我不会重食轻友，我还是很高兴有机会认识了Michele。

## 半饱慢食

声势越见壮大的"慢食运动"（Slow Food）源自意大利，一点也不奇怪——当你在真正的意大利餐馆吃过饭，你就知道"慢"原来是有传统的。

因为慢，因为久久未被"照顾"未能点菜，点了菜也久久未上，所以我认识了 Grissini——放在餐桌上任你吃的（其实已经计算在账单内的）极细面包条。

用心一点的餐厅有自己独家烤制的 Grissini，说不定还有多种口味，一般用的是半透明牛油纸包装的大陆货——还好，都是松松脆脆，一包两条三条，不知不觉吃完一包又一包，良久良久，你的第一道菜才慢慢地来。

同样是用面粉烤"面包"，我在米兰最常去的街坊小馆却提供另一种选择：不烤成条状却烤成大块大块的薄脆状（或者说是超大型马铃薯片状），还刻意淋上别具风味的上好初榨橄榄油，这回是大片大片地吃，因为太薄，怎样吃也还未半饱，真好。

加了香草末或黑芝麻白芝麻的各种 Grissini 都试过，有天心血来潮点了盘帕尔马风干生火腿的时候，吃着吃着把火腿贪玩地卷到面包条上，口感跟味道都异常搭配，起初还以为是私家创意满分，后来才知道这根本就是另一种道地的吃法——无论是谁发明让谁邀功都好，只要好吃就通行无阻。

| | |
|---|---|
| 香瓜 | 半个 |
| Parma 风干生火腿 | 六片 |
| Grissini 面包条 | 十二条 |
| Lemonello 柠檬酒 | 适量 |
| 薄荷叶 | 适量 |

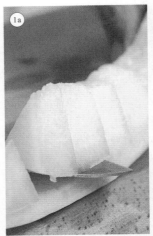

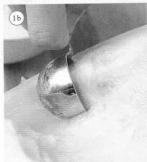

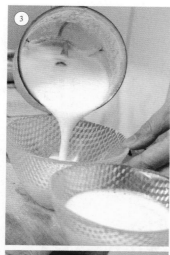

1a—1b /
先将冰过的香瓜剖开去核，切粒准备搅拌成汁用。
另用圆挖把香瓜挖成球状，备用。

2a—2b /
将香瓜粒搅拌成汁，同时放进适量柠檬酒提味。

3 /
将香瓜汁注入透明玻璃碗中。

4 /
将香瓜球置于中央，取风干生火腿片将其围成带状。

5a—5b /
将风干生火腿片卷在面包条上，与香瓜冻汤同时进
食，清凉舒爽的感觉。

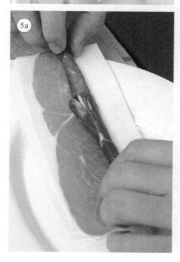

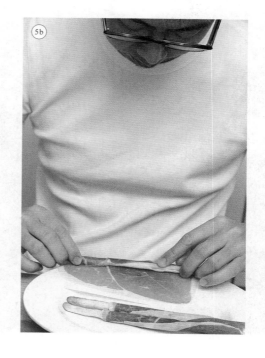

# 吃喝忘忧

## 蒜头香菇鸡汤

绝对相信有所谓 comfort food。

当外面纷纷扰扰，当一室堆堆叠叠、千头万绪之际，总有一个声音清清楚楚地响起：是该找点什么来吃的时候了。

可以是找个特大号汤勺，舀两勺冰箱里救急用的冰激凌。没办法，一直钟情的是 Häagen Dazs 草莓原味、葡萄朗姆酒跟绿茶口味；也可以是烧半锅开水，下个虾子粗面再撒点白胡椒、麻油和葱花，呲呲有声地吃喝下去；状态更差的时候就当自己真的生病，淘点米熬一碗稀稀的粥，微微下一点粗盐，趁热喝，一脸水蒸气同时熏一下绷紧的神经。

当然身边一干人等各有所好，有人会用三分钟吃完一包后患无穷的烤马铃薯片，指定是海盐和酸奶油的口味；有人会冲泡一壶上好伯爵红茶，刻意要下很多很多的糖；有人会用日本原装进口高贵速食泡面宠自己，坚持喝完碗里浓得要命的味精汤；有人会厚切一块咸牛油放在全麦饼干上一口吃下去……吃完喝罢，缓缓舒一口气，基本能量都恢复了，comfort 过来，继续上路。

路上一旦碰上什么问题，我倒没有急急找本励志小书诸如《心灵鸡汤》之类来翻翻，倒是愿意真正煲一锅鸡汤，放进简单不过的最爱的材料：大量蒜头、几片香菇，当然还要有鸡。当水烧开了，锅里材料上下翻滚，小小一室都充满那温暖感人的香气，此时此刻，人在其间自觉找到了

煲汤的真谛，甚至是身为中国人的骄傲——享受过程也许真的比得到结果或找到答案来得有意义。因为过程实在太精彩，往往是喝汤的时候才想到忘了放盐。

## 与魔鬼同在

如果你在我的厨房里找不到米，这一点也不稀奇。但如果你找不到蒜头，那就大事不妙，肯定是主人有病了。

该怎样来歌颂我从小至爱的蒜头呢？

吃饺子的时候怎可以没有生磨的蒜蓉？吃涮羊肉火锅之前先来两三球"六必居"的糖蒜，调味混酱里面也得下一大把切碎的生蒜粒。吃意大利面可以没有任何配料，只要下锅用橄榄油微微爆香蒜头和去籽辣椒，拌到面中就不得了。更粗犷的可以把整球蒜头切半，涂上牛油或者健康一点的橄榄油，放进烤箱中烤至蒜头熟透变软，用来涂面包，简直媲美鹅肝酱！更夸张的吃法还有原粒饱满蒜头先用热水汆烫过再用鸡汤煮软，待凉后蘸上薄薄的面粉、蛋浆和面包屑，然后再用滚油炸得金黄，去油后撒点细盐……天哪，这实在太过分了。

小时候第一次在酒席中吃到有整颗炸香蒜头的宴会热荤蒜子瑶柱甫，我已经用两粒瑶柱交换十粒蒜头。一度流行香港的避风塘炒蟹、蒜香骨、风沙鸡之类，对我来说最吸引的还是那一堆用来做配角的炸得酥香的蒜粒，蒜头性格中强悍厉害的一面表露无遗。当然，用蒜头来做汤，下锅熬个一两小时后蒜头如果还在的话，入口即化，又尽显其温柔甜美的一面。

蒜头的健脾胃整肠利尿杀菌驱虫作用人人皆知，还有降血压——我是经常因为吃了过多蒜头而头晕目眩的，可能就是因为血压骤降的关系吧。至于西洋传说中蒜头可以驱魔，我却直觉蒜头本身就是魔鬼，而我义无反顾地矢志与魔鬼同在！

## 送礼自用

无论欧美各国的唐人街杂货食物如何齐全，我还是经常被"流亡"海外挚友的父母亲视作运输大队长，每回出国必须替这位那位捎些温暖心窝的包裹。而最热门常见的"水货"当然还是香菇干瑶柱以及虾米蚝豉干。

从来不晓得我的海外挚友是怎么消化掉这供应不绝的山珍海味的，也许最简单的就是烧开一锅水，随便放一些材料，仿效香熏疗法营造一种老家的生活感觉。

不知怎的常常觉得香菇是有点年纪的监护人，学生时代离家自住的时候千万不能让同学朋友看见你的冰箱或者橱柜里面有一包香菇，那简直就叛逆不起洒脱不了。如今人渐长大，开始了解开始接受香菇的存在价值和意义。我的中医常常对我说，你肝热胃寒，新鲜的冬菇阴阴湿湿的千万不能吃。上好的香菇却不同，因为经过烘焙晾晒，里面有暖意有阳光。

| | |
|---|---|
| 鲜鸡 | 一只 |
| 冬菇 | 十朵 |
| 蒜头 | 二十五粒 |
| 姜 | 两大块 |

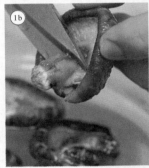

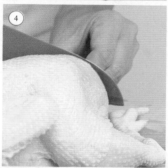

1a—1b /
先将冬菇用冷水浸软，剪去蒂部。

2a—2b /
将蒜头原粒去衣，备用。

3 /
姜刮去皮，切大块备用。

4 /
将鲜鸡去头尾，将油脂部分尽量除去。

5a—5b—5c /
将蒜头、冬菇及姜下锅猛火至水烧开。

6 /
将鸡放入，水煮沸后转中火，三小时后便成。
一室香气，简单又满足。

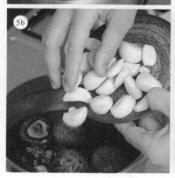

# 粒粒不辛苦

## 五谷不分也都快乐！

多久没听那悠长一声：开——饭——啰——
一千几百种新食材新口味，兜兜转转，
回来还是这一碗饭最香最甜最滑最糯。吃米饭长大的我们也许真的是五谷不分，
此刻至少赶一趟流行，该懂得什么是有机糙米，吃出满口天然真滋味。

慢慢滋味　烤蔬菜配乳酪玉米糕

当卡尔洛·佩特里尼（Carlo Petrini）十多年前在托斯卡尼的艳阳和微风下，在那一顿花了三小时的午餐后准备小睡片刻前，和身边友人心血来潮创立了 Slow Food（慢食会）之际，他们绝对清楚这是意大利人的天赋——不要辜负天赋的新鲜充裕的家乡道地食材，不要成为全球连锁快餐集团的匆忙奴隶。慢，是一种做人原则一种生活态度一种语言节奏；慢，是这个纷乱大时代的一种难得的奢侈。

所以当我能够奢侈地在威尼斯双年展建筑展的密集采访日程中腾出一个下午或者一个晚上时，我是完全投入地变成一个忘掉工作的过路客人。在这个本该迷路本该闲荡的水乡，先不要说那些瑰丽奇情的隔代传说，以及那些有如历史一般斑驳的剥落的街头巷尾墙壁上的变化颜色，威尼斯的一切都需要深深呼吸慢慢欣赏——包括最有回家感觉的慢工出细活的当地经典 polenta pastizzada，用鸡肝、小牛肉、蘑菇、洋葱、乳酪切丁加上玉米糕放进烤箱烤成的一道最适合在湿冷冬天围炉慢慢吃的重量级美食。

老实说，我真的是从来也吃不完一整份玉米糕，因为半饱信号一响，只得乖乖放下刀叉——当然别有内情的是，走进这熟悉的小餐馆的时候，我已经不小心看到了那一盒放在银色餐车上的诱人的餐后甜品提拉米苏。

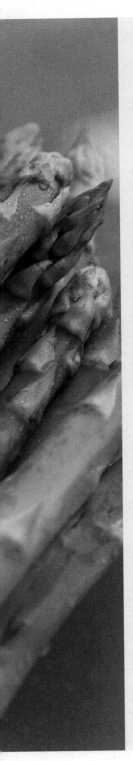

# 丰收金黄

威尼斯有太多颜色，每种说得出说不出的颜色都有它叫人着魔的能量，叫人一旦离开了也朝夕思念重临。好好闭上眼，脑海里出现的威尼斯是金黄色的——究竟是圣马可广场教堂正门拜占庭圆拱的金黄马赛克，还是道地小餐馆厨房铜锅中那一锅翻匀需时四十分钟的金黄玉米粥？

Polenta，由磨碎的玉米粉放进铜锅中慢慢煮开成糊成粥，加盐调味再趁热放在木板盆子上摊开待凉，成为玉米糕。热热即时配上各种蔬菜、香肠、肉类以至肝脏糊着热吃，或者将凉了的玉米糕再切片煎烤，吃法丰富多变，不变的是那明亮温暖的丰收一般的金黄色。

意大利友人语带引诱地说，最道地的 Polenta 应该把锅子悬在炭火上烹调，玉米粉吸收了烟熏的味道格外有乡土味。再闭上眼，仿佛闻到了那本源的气息。

## 地下兵团

年少时候沉迷漫画，光看不够更拿起笔又写又画不亦乐乎。可是甫一出道作品就被人贴标签"地下漫画"，我自觉行走在光天化日之下，到如今也不晓得为什么会被判入地下。

地下另类，阴森冷宫，唯一的联系是我真的喜欢吃那长在泥土里不见天日的白芦笋，法国品种，比出了土变成翠绿的品种矜贵得多，不能常吃。当你曾经吃过那些当天采摘、马上烧开水下锅余烫的白芦笋配一个水煮蛋，蛋黄半熟黄澄澄加一两片风干生火腿和着 Hollandaise 蘸酱……唔……然后再看到入了玻璃瓶制成罐头，由鲜嫩甜美变成一堆浸在水中的纤维，真的不是味儿——可见地下这个标签代表新鲜与珍贵，原来是种赞赏。

至于那个多此一举的为煮熟芦笋又不破坏笋尖的幼嫩而设计的露笋锅，内里有铁网架让笋尖部分不沾水只受蒸汽……还是省点钱不要买算了，不要忘记地下精神还需要不怕摧毁破坏，也得欣然接受残缺——顺其自然，美之所在。

| | |
|---|---|
| 玉米粉<br>polenta | 一百克 |
| 芦笋 | 六条 |
| 茄子 | 一条 |
| 蘑菇 | 八个 |
| 甜红椒 | 一个 |
| 罗勒叶<br>basil | 一把 |
| Marscapone<br>软乳酪 | 适量 |
| 现磨海盐及<br>黑胡椒 | 适量 |
| 橄榄油 | 适量 |

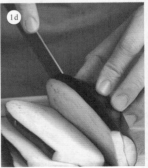

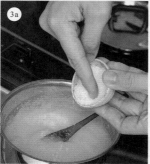

1a—1b—1c—1d /
先将芦笋洗好，切去变硬的根部。甜红椒去籽切片，蘑菇切半，茄子切片，备用。

2 /
将玉米粉用水煮开，慢火顺时针方向慢慢搅匀成糊。

3a—3b /
下盐调味，并放进适量 Marscapone 软乳酪令玉米糕更香滑。

4 /
将准备好的蔬菜放进烧热的坑纹平底锅中，以少量橄榄油烤熟。

5 /
待蔬菜两面均有烤纹，现磨进海盐及黑胡椒调味。

6a—6b—6c /
将玉米糕置于碟中，配以烤好的蔬菜，撒上揉碎的罗勒叶，轻量级版本的威尼斯传统美食叫人垂涎！

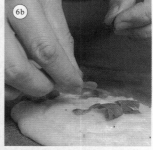

咸香甜美 红葱油拌咸肉菜饭

衣来伸手饭来张口，我们这一代生长在太平盛世的，说实话都是被宠坏了的一群没有长大的小孩。

还好不是出身在大富大贵之家（至少也要是家道中落比较多传奇），外祖父母留下来最叫我终身受用的，就是馋嘴这副德性。

大半辈子都在东奔西跑漂洋过海的外祖父母，饮食口味是福建的、广东的、上海的、印度尼西亚的、日本的混合。自小家里早已奉行无国籍料理：印度尼西亚的蔬菜凉拌和沙爹串烧、福建的薄饼、广东的家乡蒸炒炆炖、上海的沪式云吞及俄式牛尾汤、日式的炸猪排……都轮流出现在日常饮食里。而当中更有把各地口味结合发挥得淋漓尽致、最叫我有富足丰盛完美感觉的，就是那一碗拌了大量炸得酥香的红葱头，热腾黏软、咸香甜美的咸肉菜饭。

没有太多考据，咸肉菜饭大抵是外祖父母在上海勾留的那一段日子的喜好吧！作为祖籍福建的印尼华侨，油炸红葱头这种十分惹味的拌料，经常出现在干面汤面、拌饭、炒菜，甚至年节时分蒸萝卜糕的调味中，流离经历逐渐变成日常口味。也因为实在好吃，留传到外孙手里便成为可以拿来满足"酒肉朋友"们的一道独门小绝招。

到我家来吃饭吧，这里恐怕没有一桌子的花哨大菜，可是单就这一道混种菜饭，看来足以叫我们破戒，一碗接一碗地不能守住半饱这个原则。

## 苦涩身世

闲来翻看食材香料的身世，最留意那些原产地已经无法确定的，只觉格外神秘——红葱头（shallot）便是其中一种。

书上说红葱头大抵源自近东地区，因为其学名跟一个古代巴勒斯坦的港口近似。远古希腊人大量食用，罗马人却把它当为春药材料（！？），十字军东征后带回欧洲广为种植已是十七八世纪的事。

身为洋葱的近亲，红葱头保持一种小巧的、恰如其体态的应用：水煮或烤熟作为拌菜；生切细粒混在红酒或白酒醋中作为生海鲜盘的蘸酱；作为配搭烤小牛排著名的法式 bearnaise 蛋酱；东南亚菜式中的香料调味，福建台湾菜系中的拌料；它一直含蓄地做一个伟大的配角。有趣的是厚厚的西洋食材图谱中，作者吩咐大家千万不要用油猛炸红葱头，否则焦黄了会有苦涩味——我却是被这种苦涩的滋味酥香的口感所迷，拌饭拌面都保证能拌出神奇效果。

## 如何能不爱

小白菜像一棵树，高丽菜（椰菜）像一个球，原来都是亲戚，属于包心菜的族群，如果再进一步说是什么云苔属植物，那就叫大家没有胃口了。

爱我，不爱我，爱我……其实包心菜也像玫瑰花，一瓣一瓣用手剥落，可以用来玩那种无聊的爱情游戏，然而在厨房里谈什么情做什么爱，都不及食材新鲜烹调到家东西好吃来得重要，小白菜和高丽菜一上场，菜汁清甜和菜叶软嫩，都是做菜饭的首选。

| | |
|---|---|
| 北京小白菜 | |
| 广东小白菜 | 共一斤 |
| 高丽菜（椰菜） | 半球 |
| 咸肉 | 一小块 |
| 白米 | 一碗 |
| 红葱头 | 十粒 |

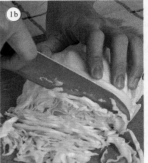

— 110 —

1a—1b—1c—1d /
先将小白菜和高丽菜洗净切碎粒，红葱头去衣切片，
咸肉洗净切粒，备用。

2 /
洗好米后下锅慢火蒸煮。

3 /
菜料下油锅炒热，加半杯水盖好熬出少量菜汁。

4a—4b /
饭快好时，将炒过的咸肉放入饭锅，随即慢慢拌匀。

5a—5b /
接着将菜料连汁一并放入锅中，拌匀，注意火候，不
要干焦粘底也不要搅成糊状。

6 /
同时用猛火起锅，转慢火把红葱头炸得香脆。

7a—7b /
待米粒将咸肉的咸香与菜料的甜美都一并吸收，拌进
红葱头油及红葱屑，保证是停不了口的满足好味道！

# 大漠翻腾

芫荽煎鸡柳配小麦饭

清晨四点，有人敲门。

其实我早就醒过来了，甚至在早已调校好的闹钟响叫之前的三十秒，就已经睁开了眼——是一种潜藏的兴奋吧！起个早，是因为今天要赶在中午之前，跨越沙漠。

对不起，当然不是负重徒步，那是高难度的行动，我们这些幼儿园程度的，只是乖乖地坐在吉普车内，贴着窗，看着大漠景色在外头"翻滚"！

没错，当我们的车队朝东北行驶了大概半小时，离开了平坦的柏油公路进入崎岖的土坡，面前的一切就开始翻滚。沙漠，不是海边沙滩，不是明信片中那新月状的弧得优美的景致，却是尽眼望去无边无际的石滩和土丘，高速的吉普像疯马一样弹跳，迎面扑来的热风不断加温。我们在车内，弓着腰用手抓紧一切可以抓紧的，否则脑袋就会不断碰撞车顶。（也许晕了过去省事得多？！）半小时，一小时，两小时，三小时，五小时……不只热血沸腾，连五脏六腑都彻底地在运动，我想我其实已经失去日常知觉，开始进入另一高超境界——

因此我明白我们的向导穆罕默德，为什么只准我们吃那么一点点早餐，也很快了解到身边的一大瓶蒸馏水派不上用场，（因为根本没法在颠簸中开瓶喝水！）最后更明白这长达八小时的跨越沙漠的"壮举"根本是高温减肥之旅——

中午十二点左右，我们坐在沙漠另一端绿洲村镇的一处驿站外面，以慢动作在喝水，喝水，喝水……很奇怪，肚子不怎么饿，看来肠胃都需要一段时间自行跑回原来的位置吧。直至邻桌的一群当地人开始用餐，老板开始捧上一盆又一盆烧烤的水煮羊肉鸡肉，还有那堆叠如山的黄澄澄的 couscous 小麦饭，唔，我的胃开始有正常需要了——

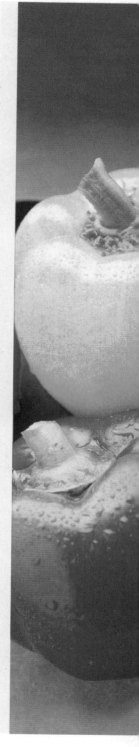

# 厉害芫荽

小时候家里铺的地板是绿白对角相间的方砖，很典型的可以在王家卫的《阿飞正传》或者《花样年华》当中找到的那种图案和调子，大概那个年头十家有八家都是同一款式吧！

其中比较特别的，是客厅中方地砖有个角落烧焦了，有个角落碎裂了——外祖母常常为嘴馋的我们烧烤最爱吃的沙爹肉串，小炭炉就放在地上，久而久之烤得连地砖也都焦黑了。而烧烤之前要用香料把肉先腌好，有一回在用石臼研磨香料的时候，不知怎的不小心掉到地上，"轰"的一声幸好没有伤人，却把地砖给敲碎了，都因为吃，我家就是这样。

一地跌落的香料，有一种特殊的味道至今难忘：芫荽籽！已经干燥的带壳种子焙过再细细磨碎，那种锐利的清凉辛辣的香气和口感，实在是过早地宠坏了我。

原产于地中海及东欧的芫荽（coriander），就是我们熟悉不过的香菜。说它香，身边有人却是无法忍受，说它如甲虫一般恶臭。希腊语中 koris（臭虫）也就是 coriander 的词源。把"臭虫"一口吃下，我倒是真心诚意地喜欢它的性格。自小爱喝的芫荽皮蛋鱼片汤（不要忘了加一点糖渍甜瓜）、爱吃的沙爹肉串，都是一大把翠绿芫荽切碎一手满满的芫荽籽现磨。后来爱上泰国菜印度菜，更是惊喜地发觉这异国料理中更是大量地用上芫荽叶、芫荽根茎以及芫荽籽。印象最深的是一种印度街头小吃，（对，我敢！）一个油炸的薄脆小饼敲开放进发了芽的豆子、碎番茄、洋葱末、混了芫荽籽的辣粉，然后放进一盘用整杯芫荽和少许薄荷叶煮好的深绿色的冰水中待小饼灌满了"汤"，赶快一口进食，清凉爽快，鲜甜香辣，来不及细尝又只好再来一个。我当然偏私地把大部分功劳都归于芫荽，以及那一样神奇的芫荽籽！

# 黄色食物

　　身边爱搞怪的人很多，L肯定是当中出色的一个。

　　对，他一向都很色。他从在香港念大学的时候，就一头钻进情色文字的写作当中，惊世骇俗是家常便饭。后来更从文字领域跳到影像制作，既是摄影师又是导演，以泼辣大胆的形式内容继续挑战禁忌。

　　那些年头他在伦敦念书，我们都爱跑去探望他。三更半夜除了跟他到处去混，肚子饿了，就问他有什么好吃的介绍。

　　就是他让我认识了有这么一种美味叫couscous。入口初尝饭香软滑，弄不清为什么米粒也有这样细致的口感，后来才知道这是小麦粉（semolina）混合面粉洒上盐水，传统用手搓成细粒，现在大多都是机器制造，但还算保留那种细致。作为北非地区及阿拉伯世界的主粮，摩洛哥、阿尔及利亚与突尼斯民众更视之为国食。

　　couscous在移民特多的都会如伦敦、巴黎及纽约，也渐渐成为一种受欢迎的选择。配合这种贴近大地清淡自然食材，通常有用洋葱、胡萝卜、大葱等蔬菜和黄豆、白豆加上多种香料熬成的浓汤，按喜好分别加入羊肉、鸡肉、牛肉等材料炖好，又或者把肉食做成烤串，一同进食。那天晚上跟L吃的是什么配搭材料什么口味都忘了，因为一直听他眉飞色舞地在说他的汁液四溅的"历险"故事。

　　之后的北非和中东旅程中，在传统市集中发现一种专为烹调couscous特制的双层锅couscoussiere。下层用以炖煮蔬菜与肉类，上层则用以蒸熟小麦饭，香浓的菜汁肉汁蒸汽，从锅中徐徐上升，这样的米饭怎能不好吃！

| 鸡柳 | 大条 |
|---|---|
| 黄椒 | 两个 |
| 蒜头 | 三粒 |
| 青柠 | 一个 |
| 芫荽籽<br>（香菜籽） | 适量 |
| 黑胡椒 | 适量 |
| 芫荽（香菜） | 一棵 |
| 薄荷叶 | 一把 |
| couscous<br>（小麦饭） | 四十克 |
| 橄榄油 | 适量 |

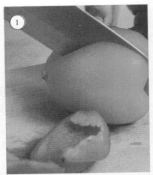

1 /
先将黄椒洗净剖开，去籽切条，备用。

2 /
芫荽洗净切碎备用。

3a—3b—3c /
将黑胡椒及芫荽籽研磨好，放于洗净沥
干水的鸡柳上。

4a—4b—4c—4d /
摘好薄荷叶片，洗净切丝，与芫荽一起
作为鸡柳的腌料，同时洒进青柠汁，并
以盐调味，腌约半小时。

5a—5b—5c /
couscous（小麦粉）置碟中，用温水泡
开，隔水蒸约四分钟，饭熟后用橄榄油
及少许盐及胡椒调味拌匀。

6 /
用有坑纹的平底锅将黄椒及腌好的鸡柳
煎烤得微微焦香，拌上软滑的小麦饭，
别有一番大漠风味！

少吃多滋味　菠菜毛豆意大利饭

爱吃，怕胖，现代人餐前餐后的矛盾挣扎，告解也来不及。积极一点的，会努力在跑步机划艇器上每天拼命二三十分钟，期望那些吃进去的热量可以消失于无形。结果是，有人奏效，有人不。

卡路里其实不是公敌，问题是怎样与它维持一段良好关系。老实说，平生最怕一堆数字加加减减，也没有耐性把面前好好一堆吃的喝的都还原为数字，只是心中有数，谨记历久弥新的道理：少吃多滋味。

自从尝过第一口传统道地的意大利米饭 risotto 之后，又惊又喜别有一番滋味。喜的是发现了如此人间美味，满口丰盛和实在，惊的是摆明高热量：淀粉质、高汤、牛油、乳酪……重拳出击，愈重愈好味，实在难以招架。

敌不过馋嘴，每回动心思弄一顿 risotto 都千叮万嘱提醒自己：一、尽量计算好米的分量，用餐每人不必太多，尝尝已经高兴——因为弄多了只会继续抢着吃光为止。二、牛油和乳酪的分量可以略减，传统的做法在饭好之后再下一大块牛油，现在看来方向不正确。三、用的高汤（通常是罐装清鸡汤），谨记隔去汤面的油脂。四、尝试用蔬菜——特别是菠菜、毛豆、小白菜、椰菜等做搭配，以菜香的鲜甜平衡牛油和乳酪的浓重，至少视觉上和心理上也好过一点。五、煮饭过程中必须不停搅拌，大抵这也算是运动？！

还是那一句，少吃多滋味，轻轻松松迎接重量级美食挑战。

## 终极口感

这真的是乳酪吗？

如果你先入为主地认为乳酪就一定是黏黏滑滑、有如凝固了的牛乳羊乳，有着浓烈奶香，又或者长了蓝蓝绿绿的霉，甚至混有各种的香料口味……那么当你第一次把真正的帕米基诺乳酪（Parmigiano Reggiano）放进口的时候，就会如我当年初尝这人间极品，来不及赞叹，一脸惊喜的又赶紧再尝一口——

手中拈着的一小块帕米基诺乳酪硬片，表面凹凸有如金黄半透明的砂石结晶，放进口里质感奇特，直觉是在咀嚼最酥香结实的糖和盐的合体，忽的有崇山峻岭间野树干果的沉实气味，忽的又有热带水果的陌生的鲜甜奇美，忽的又有来自乡下的农舍凌厉的乳香油香……细致丰富实在很难形容，就留给你亲尝体验吧。

七百年来坚持用最传统手工方法、用当地最香浓的牛奶、步骤严谨制成的帕米基诺乳酪，经过长达两年的熟成时间，那重达四十多公斤的皮表压满了制造年份月份以及乳酪厂编号，还有"Parmigiano Reggiano"字样，在通风的室内震撼地排列层叠，就如现代装置艺术。我一直就在等有这么一天，可以走进这诱人的作品群中身心感受。

至于坊间超市那些纸罐和塑料袋装的已经磨成条状粉状的Parmesan Cheese，都不是原装正品，吃了都会叫人生气。切记要买连带有突纹字样外皮的原装版本，食用时才现切现磨。极品进口价钱当然有点贵，然而钱不能乱花，更要花得值得。

## 不只一样米

都说一样米养百样人，我贪心，可不可以一个人吃百样米？

认识一个日本女生，故乡是新潟。言谈间提起她家栽种的国宝级超级米王，眼睛里闪烁着自信和骄傲。她绝对肯定用新潟米做的饭团是全世界最好吃的，不信我就做给你试试看——这，我当然点头说好好好。

嗜吃意大利面的我自从在米兰被热情推介吃过用番红花调味烹煮的 risotto 之后，真的担心自己就此移情别恋，同时也恐怕身材体态不保。圆鼓鼓的 arborio 或者 carnaroli 米，不必洗濯，放到锅中用牛油跟洋葱末炒得透明油亮，然后慢慢一勺一勺地用高汤烹煮，不断搅动……好吃就要付出精神时间和一点点体力，比起祖先们下田耕作粒粒皆辛苦，我们这些现代消费人已经是幸福快乐得多。

近年流行吃糙米，重新提醒了大家对未经加工处理的天然食品的营养价值的重视。其实把这理解成纯粹牙齿运动也很健康，又或者迫使那些心急的人多花时间更有耐性的洗米煮饭，也是一种日常节奏的调节训练。

长辈为了表示权威，常常抛来一句：我吃过的盐比你吃过的米还多——想清楚，这其实也是十分夸张失实的恐怖事。好吃的米饭细细咀嚼，自有无可取代的那一种香与甜，有谁会把盐这样一口一口地吃？

| 意大利 arborio 米 | 两百克 |
| 洋葱 | 一个 |
| 牛油 | 四十克 |
| 帕米基诺干乳酪 | 五十克 |
| 清鸡汤 | 一罐 |
| 菠菜 | 三棵 |
| 毛豆 | 适量 |
| 柠檬 | 半个 |

**1a—1b /**
先将毛豆煮熟，剥壳取豆备用。

**2a—2b /**
将洋葱去皮切碎，菠菜洗净切碎，备用。

**3 /**
用二十克牛油将碎洋葱炒软至透明，切记用慢火以免洋葱变焦。

**4 /**
将 Arborio 米下锅，让米粒沾上牛油，炒四至五分钟，至呈透明状。

**5a—5b /**
保持慢火，将已热好的清鸡汤注入米饭中，每次一汤勺，待米饭吸取汤汁后再加汤，如此约二十分钟，米饭开始变软。

**6a—6b /**
将切碎的菠菜徐徐下锅，拌匀至菜丝变软，并将剥好的熟毛豆下锅拌好。

**7a—7b /**
再将剩余牛油及磨碎的帕米基诺干乳酪拌匀并熄火。

**8 /**
柠檬切半，挤进适量柠檬汁，上碟后再撒上少量乳酪粉。重量级美食，小心破了半饱的戒。

# 拌你一世

## 此时此刻四季凉拌

轻食流行，凉拌成新宠。

吃掉一整盘花的草的绚丽颜色，伸手挑拨那混拌得淋漓的异国蘸酱，

轻松愉快的，意犹未尽的，保持半饱，对未知未来还是热切好奇地冀盼期待。

# 吃掉意大利

番茄罗勒水牛乳酪凉拌

终于明白为什么意大利国旗是红、白、绿三种颜色。

不是吗？番茄的红，水牛乳酪的白，罗勒叶的绿——菜市场里随处堆得满满的肥美多肉的红番茄，摊位中放在冰冻柜里浸在盆里盐水中的口感又软又韧的新鲜水牛乳酪，还有那清甜香洌的嫩绿罗勒叶，全部一起切片放好，淋上绝佳初榨橄榄油，撒一点现磨黑胡椒，有时候还加一点陈醋。此菜式源起于意大利南方盛产番茄和限量出产水牛乳酪的坎伯尼亚省（Campania），离岸度假胜地卡普里岛（Capri）索性就把这美味凉拌称作"Insalata Capresee"，又新鲜又高档，又简单又好，变成风行意大利全国大小餐厅的招牌开胃前菜，足以代表一个馋嘴的优秀民族的好吃精神。

当然官员政客们会不厌其烦地解说绿色代表公民自由，白色代表独立希望，红色象征国民情如手足。十九世纪的意大利爱国诗人温加罗却认为抬头看见飘扬的三色国旗就如看见祖国河山——山岭雪白，两座火山鲜红，伦巴底平原一片翠绿。

想不到一向在国际设计领域领尽风骚的意大利，竟然一直没有为自家的国旗定一个标准色，让东南西北不同省份政府机关大楼面前挂的国旗，一向都自由地使用深深浅浅不同颜色，以致有些红变成橙了，与爱尔兰国旗雷同。懒得有点可爱的意大利政府直至二〇〇三年年初才被迫颁布了国旗的颜色符码，国家"统一"才正式完成。

红、白、绿三色原来关乎意大利民众日常的口腹满足，颜色新不新鲜好不好吃才是焦点所在。

## 无可取代

初尝 Mozzarella 之前完全没有这种口感经验，吃过之后才真正明白什么叫作无可取代。

该怎样形容呢？黏黏韧韧滑滑的，比糯米果断，比豆腐有劲，还有那入口由淡渐浓的乳香，传统正宗用的是意大利南方坎伯尼亚谷地的黑水牛乳加工手制。由于需求甚多导致供不应求，现在常常吃到的都是普通牛乳制品 "flor di latte"（奶之花）。

早在公元六〇〇年由印度传入当地的黑水牛，如今乖乖地每天早上挤出鲜奶，水牛奶加入凝乳酶形成凝乳，切割后加热轻拨，再用手拉捏成大小相若的圆球——极富手工感同时制作步骤卫生严谨，最好是当天食用，我们这些远方的老饕就只能买到用盐水浸住整球乳酪的空运进口的密封盒装。

意大利比萨薄饼的故乡那不勒斯（Naples）也就是坎伯尼亚省省会。难怪薄饼上黏黏的"橡皮筋"也就是 Mozzarella，当然我们不会把矜贵的真身这样烤成一摊，我倒在当地小餐馆吃过用两块白面包夹着 Mozzarella 蘸面粉油炸的 Mozzarella in Carrozza，那又是上天赐予的人间美味，叫人有冲动亲亲一身泥巴的黑水牛。

## 国王与我

嘴越馋，就越觉日常饮食中香料的不可缺。当然人各有好，不是每种香料都能占上一个重要席位，可是罗勒（basil），大抵就有这种人尝人爱的本事。

又是原产自印度的一种香草，印度教毗湿奴神手上捧的就是罗勒叶。由于栽种简单，罗勒跑到世界各国都会变种自成一派。意大利的亲戚 basilico 是鲜嫩甜美的甜罗勒；东南亚的品种挺拔强悍就是金不换，在越南特式汤粉牛肉檬的大汤碗里堆满半碗；台湾兄弟就是九层塔，还记得第一次掀起一锅三杯鸡时那一阵袭人香气吗？

罗勒不是菜，如何喜爱也许不能大口大口地吃，超市里开始有整株连盆的新鲜甜罗勒出售，叫我们这些又懒又嘴馋的实在兴奋。一盆新鲜罗勒放在厨房窗台边，做意大利面时随手揉碎几片，用橄榄油涂面包时又来一点。至于无敌的意大利绿色 pesto 酱，用的是切细的罗勒叶、压碎炒香的松子和生蒜头，再加上帕米基诺乳酪和大量的初榨橄榄油，混起酱来香浓丰厚，绿油油的拌进各类面食和主菜中。以罗勒之名，为所欲为——希腊语中 basileus 是英文 basil 的词源，原来就是国王之意。

| 新鲜红番茄 | 三个 |
| 水牛乳酪 Mozzarella | 一球 |
| 罗勒叶 basil | 一束 |
| 现磨黑胡椒 | 适量 |
| 初榨橄榄油 | 适量 |

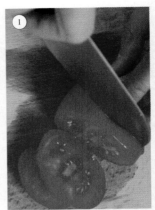

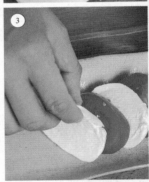

1 /
先将番茄洗净切厚片。

2 /
再将水牛乳酪切片。

3 /
在碟中把番茄与乳酪顺次排好。

4a—4b /
用手揉碎罗勒叶，撒于番茄及乳酪上。

5 /
不要吝啬地浇上橄榄油。

6 /
最后现磨少许黑胡椒，轻松简单意大利
夏日美味！

意日泰精彩　大虾柚子凉拌

说来惭愧，我的泰国馋嘴经验中，吃得最疯的竟然不是泰国菜，却是 Sukhothai 酒店周日 brunch buffet 中的煎鹅肝。

一块又一块煎得表面焦香内里嫩滑的肥鹅肝，实在不知怎样就不停滑进口里，那时候还未严格遵守半饱原则，尽情地放肆，罪过罪过。

如此这般，自然就冷落了其实同样精彩而且健康可口的柚子凉拌。

酸甜香辣，柚子凉拌可以按各自喜好拌出更复杂更细致的口味：传统泰式的用鱼露辣椒和醋做调料，撒上炸香的虾米蓉和蒜蓉以外，薄荷及金不换也同时上场。我们在家里自行发挥，原汁原味之外不妨无国籍简化一点，fusion 一番——换上日本味噌酱，只因冰箱里正好有存货；用较大的红辣椒不用朝天椒是因为上回切完朝天椒忘了彻底洗手就去戴隐形眼镜，苦不堪言心有余悸；撒点松子是因为上回做意大利 pesto 酱太有滋味，念念不忘……

在家里下厨，自作自受其实也很贪方便很随意，说不定因此激发自家创意，是自煮自主的神绪所在。

## 吃下一棵松

南来香港的江浙老乡，固然一直有他们家乡道地的饮食传统季节口味，就连调味酱醋糕点小吃，其实也从

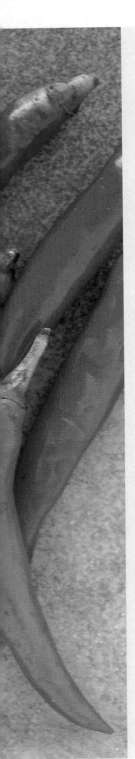

不或缺。外祖父母当年在上海培养出的口味当中，就有一种又甜又香的回忆——松子软糖。

小时候第一次见识到松子这玩意儿，直觉它有别于花生、核桃、杏仁、瓜子等各式干果。松子有一种独特的甘美，不知怎的我总把它和扳下松针揉碎那一种清洌醒神跟松香结晶的那种芬芳久远连在一起，如果吃下一颗松子等于吃下将来的一棵松，这样够不够气势？

中式大菜中松子常常只是小配角，民间疗方里倒有松子捣烂和大米煮粥再加入蜂蜜的吃法，没有病也该好吃。意大利菜的经典酱料 pesto alla genovese，主角就是松子和罗勒叶，再加上帕米基诺乳酪、蒜头和橄榄油，浓香丰厚，无可替代。

## 柚子滋味

不知怎的，小时候并不流行的西洋万圣节（Halloween），近年却越炒越热，各种画满南瓜鬼脸图样的产品成行成市，超市里面早就堆满了大大小小的应节南瓜，让小朋友买回家改装南瓜灯，连餐厅酒店也乘势推出一堆南瓜菜式，心生怀疑，究竟这是否美国农业部的宣传推广公关招式。

人家有鬼里鬼气的万圣节，其实我们也有自家正气十足的中秋，只因中秋有柚子灯，跟南瓜灯不遑多让。

吃罢中秋当季清香甜蜜的柚子，在外祖母把柚子皮征收

去做虾子柚皮之前，自制柚子灯随时上场，偷懒的就用铁线穿起剥开了的柚皮四角，加一根竹竿就可以上路。复杂一点文化一点的可以拿小刀在柚皮外层刮出花白图案，更同时发觉柚屑的清香，甘甘的也是制作某些细致的凉拌和甜点的小秘技。

同一种食材不同部分的应用，在不同国家和地区产生截然不同的奇妙感觉。在韩国的严冬里喝一口烫烫的柚子甜茶，茶里还放几颗松子，温暖如在家；在泰国的酷暑中太阳伞下懒懒地吃冰冻过的柚子凉拌，清香入心。记得外祖母剥柚子吃，尤其是酸酸的品种，最爱蘸豉油膏或者禽仔清酱油，吃得津津有味。小时候我只嗜甜，如此又酸又咸只觉奇怪，少不更事，当然不识年长的滋味。

| 新鲜大虾 | 六只 |
| 柚子 | 四瓣 |
| 芫荽（香菜） | 两棵 |
| 红辣椒 | 两根 |
| 松子 | 适量 |
| 味噌酱 | 少许 |
| 橄榄油 | 适量 |

1a—1b /
先将松子下锅慢火烤至金黄微焦，备用。

2 /
红辣椒洗净去籽切成细长条，备用。

3 /
芫荽洗净择出叶片，备用。

4a—4b /
柚子剥开拆肉撕成细块，备用。

5 /
用橄榄油将味噌拌好成酱料。

6a—6b /
大虾洗净，热水下锅灼熟，取出待凉，剥掉虾壳，挑去虾肠，原只留头尾。

7 /
用部分酱汁将红辣椒、芫荽及柚子肉一并拌好上碟。

8 /
最后放上大虾，撒上松子及少量酱汁，无国籍意日泰口味一口尝！

# 青葱岁月

青葱新薯蛋黄酱凉拌

小时候跟外祖父在大排档吃还是三毛钱五毛钱一碗的鲜虾云吞面时，常听见邻座的大叔吩咐伙计："走青！"

好好的青，为什么要走呢？

后来当然知道"走青"就是不要在碗中撒一把葱花——真奇怪，我倒是从来也没有觉得青葱生腥刺鼻，其实就正是这轻微惯性小动作，为面前的汤鲜面爽，添一点青翠与香气。

从青葱（spring onion）出发，同科同族的鳞茎蔬菜如蒜苗（leek）、京葱、大蒜、红洋葱、洋葱以至红葱头，都是吾爱，而且都可以生吃，做凉拌做冷面，爽快刺激。不然的话在坑纹平底锅里烤得微微焦香，也是一绝。

重新对青葱作评价，源自学生时代第一趟背囊欧游。途中在英国利物浦到一位同学的亲戚家投宿，碰巧人家小孩开生日派对，一大堆传统英国家庭式食物中我发现了一盘马铃薯凉拌。最初不以为意，一口吃下去才惊觉除了马铃薯和蛋黄酱之外，有一种熟悉不过的味道，那就是生鲜翠绿的切得细细的青葱！这也是我头一回认识到一种十分"家常本地"的食材，换一个时空之后可以有另一种惊喜——当然惊讶的也是价钱的分别，我们平日觉得不怎么值钱的粗生的青葱，换了是澳大利亚或者日本的进口货，包装得漂漂亮亮，卖价有七八倍的差距。

因此更义无反顾地拥护青葱，也从不把它当作配

角——又或者说，没有配角，光是主角在面前跑来跑去，有什么好看？

## 亲手混酱

身边贪嘴爱吃的着实不少，但真正落手落脚爱在家里做菜的却不那么多。

都推三阻四地说很忙、没时间，也有些坦言怕麻烦，这也都是真的。但事实上，没有自家实战经验，总是有点遗憾，也没办法真正了解在外头吃的菜，有多好有多坏，该欣赏的该批评的在哪里？

要买现成的食品工厂生产的 Mayonnaise 蛋黄酱很容易，超市里面一列排开几十种选择，但常常不是太酸就是太甜太咸，而且真正新鲜手工自制的蛋黄酱也不能冷藏超过四天，也就是说，无法比较无法替代。

如何有准备有耐性地按部就班，包括蛋黄跟橄榄油跟柠檬汁的比例，混酱时候的次序与手势一点也不能马虎——我就是自作聪明自以为创意澎湃，失败了两次才乖乖跟随标准的传统方法，做出一盘也算合格的蛋黄酱。

如何虚心向传统取经，有相当经验的时候才创新突破，其实是简单不过的道理。无论如何，亲自动手才是一切可能性的开始。

## 百变马铃薯

想要替马铃薯申冤平反，又不知从何说起。

一提起马铃薯含丰富淀粉质，怕肥怕胖的小姐们马上见马铃薯如见鬼。又有传闻说马铃薯本身没什么，但一下子加进任何蘸酱调味就马上会变成瘦身的死敌。众说纷纭，也无法拨乱反正，唯有用行动默默地支持我的至爱。

儿时外祖母常常会做马铃薯 croquettes，待凉了的薯泥用手捏成椭圆状，当中放进咖喱洋葱肉末馅料，包好蘸上面包屑，猛火油炸。这大抵是长辈们勾留日本时吃到的洋风炸物，馅料分明又有南洋风味，但源头却是纯粹的欧洲式。一口咬下去，百般回忆滋味。

原产秘鲁的马铃薯，怎样也想不到辗转流徙百多年后，竟然成为全球主要菜系中地位超然的主食。从最简单的整颗水煮到切丝切粒切片捣成泥雕成花，煎炒煮炸炆焗烤，花样百出——不能忘怀三更半夜伦敦查令十字街头寒风中捧一包烫手烫嘴炸鱼薯条，还要下大量的盐大量的醋，（不要鞑靼酱和茄汁！）第一回到瑞士第一餐就被那一整盆有洋葱有培根有乳酪混在一起又煎又烤的厚厚马铃薯饼 rosti 撑得什么也再吃不下；还有那十分美国的十分快餐感觉的焗薯；自家的拌土豆丝、醋熘土豆丝……遗憾的是我一吃烤马铃薯片，无论是什么口味，都马上会喉咙痛，只能很久很久才大胆偷吃几片，也不知是幸福还是悲哀。

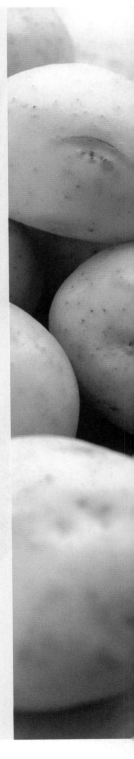

| 马铃薯（新薯） | 四个 |
|---|---|
| 青葱 | 三棵 |
| 红葱头 | 适量 |

**蛋黄酱**

| 鸡蛋 | 两个 |
|---|---|
| 橄榄油 | 适量 |
| 蒜头 | 一粒 |
| 柠檬 | 半个 |
| 白酒醋 | 适量 |
| 法国芥末 | 适量 |
| 现磨海盐 | 适量 |

1 /
先将马铃薯洗净放锅中煮熟。

2 /
熟透的马铃薯待凉后切粒，备用。

3a—3b /
青葱洗净切粒，红葱头去衣切片，备用。

4 /
敲开两个蛋只取蛋黄，将蛋黄拌打时徐徐不绝滴进橄榄油。

5 /
不停拌打约十五分钟后，鸡蛋与橄榄油终成稠状。

6 /
将切碎的蒜末、法国芥末及现磨海盐放进蛋黄酱中做调味。

7a—7b /
把柠檬汁及白酒醋放进酱中拌匀。

8a—8b /
将完成的蛋黄酱与马铃薯拌好，撒进青葱碎粒及红葱头片，
细致美味就在面前。

八彩传奇　印尼杂菜凉拌

原来民间传奇真的有根有据——

外祖父和母亲的口中，有这样一则外曾祖父的传奇：当年从福建金门漂流到福建南洋的外曾祖父，先在新加坡当码头苦力，再辗转到印尼棉兰，在一处华人开发的椰园中，先凭气力干粗活，再凭脑筋在椰林里安排种植番薯作物，发展养猪堆肥等农畜综合利用，随后得到园主器重，除了跃升成为管工，更把女儿嫁给了他，熬出了头的外曾祖父开始在华人社区里活跃，更受到当地苏丹的赏识，让他骑着一匹马，荒野跑经之地都归他所有——

母亲笑说这也不失为一种特许经营开发的引诱刺激，在我听来简直就是夜半时分粤语长片南洋剪接版本中才会有的桥段，再自加想象强化有山林瘴气的氛围引进神怪仙妖的穿插——那种因为太湿太热，让水蒸气模糊了鲜艳浓烈色彩的一种奇幻感觉。

也因为有这样的代代口传的家族逸闻故事，面前的一盘七色八彩的杂菜凉拌 Gado-gado 就别有一番滋味：堆堆叠叠的各式新鲜蔬菜瓜果、香浓泼辣的花生调酱、伴食的酥脆甘苦的 Emping（豆饼），都一次又一次地积累和衍生出饮食的经验和回忆。从嗜吃外祖母和母亲做的隆重版本，到发展出自己的待客轻食；从颜色到味道到口感，在承传中体验变与不变的小聪明小道理。

# 香自何处？

念的是设计，自然也就对生活周遭的包装很敏感。

好设计坏设计，什么设计成功什么设计失败，固然都与人时地物相互牵连，最后如何包装，或者如何不断更新包装，是很多人心目中决定成败的关键因素。

其实又不然，就看面前那一小包三十年以至五十年都没有改变过包装的印尼 Gado-gado 凉拌酱砖，你就知道，内容实在比包装形式重要。俗艳得很的五彩包装标贴印刷，简陋得无助的材料说明（唯一进步的是加上了条码），Gado-gado，一世坚持"我就是这样"的原来口味，已经成了多少人日常饮食的惯性和回忆。

不得不承认，爱吃这种印尼杂菜凉拌完全也就是因为这种口味丰富独特的酱汁，当然我会再自行加点柠檬醋、砂糖以及粗粒花生酱，调出一个更香更浓的状态。

小包背面的小张材料说明，在成分一栏中写上：花生、蒜头、糖、盐及香料——至于是什么香料，即使面前有厚厚印尼烹调专书的详尽解释，我也选择不去看。香自何处？就让它保持一点热情一点神秘，这也许就是这个酱汁"设计"的成功之处。

## 苦涩自在

没有兴趣做人上人，倒是不介意吃苦中苦。

一直讨厌忌讳的人把苦瓜称作凉瓜，苦就是苦，躲不了。当儿时友伴一听见"苦瓜"二字就退避三舍之际，我早已十分享受苦瓜之苦，也天真幼稚地以为爱吃苦瓜就代表自己已经长大成人。

翠绿的白玉的，从煮熟到生吃，苦中其实有乐。苦瓜以外另一种更早期且印象深刻的童年"苦"味，就是这发音作"Emping"的印尼油炸小吃。

炸得又香又脆的小吃诱惑每个小孩，诸如炸虾片炸马铃薯片之类。但这种来自印尼、用豆类植物压制成的小片，油炸得酥脆，吃进口里却有一种独特的豆荚的生鲜苦涩。也因为苦，所以给了当年五六岁嗜香爱甜的我一个味蕾上极大的冲击——先是微微的苦，然后一阵甘香，留在齿间回味无穷，这叫我有点过早地了解到甘苦与共是怎么一回事。

Emping炸好了，轻轻撒点盐，一片一片又一片放进口，停不了。当年亲戚亲自由印尼带来的未经油炸的干货，一小包，很宝贵。之后很长一段时间都吃不到，直至旅途中竟然在荷兰阿姆斯特丹众多的印尼餐厅中又再碰上，兴奋莫名。最近又在香港的印尼杂货小铺中与Emping重遇，微不足道甘苦一世，隐然有种自在的幸福。

| | |
|---|---|
| 空心菜 | 一斤 |
| 绿豆芽 | 半斤 |
| 油炸豆腐块 | 八块 |
| 小黄瓜 | 两条 |
| 番茄 | 三个 |
| 鸡蛋 | 两个 |
| Emping 豆饼 | 二十块 |
| （也可用炸虾片代替） | |
| Gado-gado 凉拌酱砖 | 三分之一块 |
| 砂糖 | 适量 |
| 白酒醋 | 适量 |
| 粗粒花生酱 | 适量 |

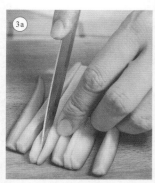

1a—1b /
先把空心菜洗净，汆烫一下，沥干水备用。

2a—2b /
绿豆芽洗净择去尾部，汆烫沥干备用。

3a—3b /
小黄瓜及番茄洗净，分别切条切小块备用。

4a—4b /
油炸豆腐块对切，下锅慢火干烤至硬，备用。

5a—5b /
Gado-gado 酱砖用手捏碎，用热水软化拌匀。

6a—6b—6c /
拌匀酱砖的同时加进少许砂糖、白酒醋及粗粒花生酱，嗜辣的更可加点辣椒粉。

7 /
将 Emping 豆饼放油锅中炸至金黄。

8 /
水煮蛋去壳切半，与其他材料放到盘中，吃时蘸酱，保证香辣鲜甜不停口！

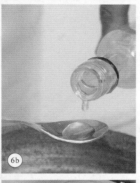

# 小心太饱

## 有鱼有肉的好日子

　　　　　　大鱼大肉的日子过去了。

　　无可奈何的叫潦倒，刻意清贫的叫节约，我们在生活的起落跌宕中，依旧吃喝出一种乐趣——更挑剔，更珍惜，更了解自家钱包和腰腹的上下限额，馋嘴的人始终是聪明的，从大鱼大肉到小鱼小肉，一样千变万化，一样精彩。

终身嘴馋

刺山柑柠檬汁煮嫩鸡

离开学校已经有一段日子了，但偶然三更半夜还是会做那些有关考试的噩梦；不知怎的堵车堵船怎么也到不了考场，又或者用尽带来的各种颜色的笔也没法在试卷上面写出一个字……如果要把这旧账算在殖民统治精英教育上，这些童年阴影也恐怕会终身受用。谈到终身（或者终生，更恐怖！）人人都急于自我增值，都在鼓吹终身学习，嘿，且慢一点，还未弄清楚自己最爱为何，什么都乱学一通，也真够累的。

如果要我终身学习，我早已誓神劈愿，我的教室一定在厨房里。原因简单不过，嘴馋为食，而且相信自己亲自动手更美味。所以每当知道国外有什么美食地区的产品商展在港举行，还有专程飞来的几位超级大厨将进驻展场或者酒店厨房，就会千方百计安排"混"进去，一心拜师学艺。

面前两位绝对有喜剧演员潜质的大厨，来自意大利 Umbria 地区的胖子 Giuseppe 和瘦子 Mirco，一个汗流浃背一个处变不惊的最佳搭配，充分代表意大利人典型性格中的活泼热情高贵细致。学厨的意义也不只在于灶边的一招两式，还得通过了解当地的人认识当地事物，探究异国文化精华所在。当然，好吃还是很重要的，如此鲜嫩的鸡，如此精彩的酱汁，而且步骤异常简单，叫我这个有幸偷学的也很有满足感成就感——在梦幻厨房里终身学习，yes，我愿意！！

## 吃花去

这是什么？

其实我常常在这个理性的逻辑的发问之前，已经把这不知是什么的先放进口里了。古时候如果神农氏团队要招募义工，我想我是会去应征而且大多会被录取的。

所以第一次在大盘熏鲑鱼旁边看到一小碗浸在水里的绿色的圆鼓鼓的豆类物体，我已经认定这是应该跟鲑鱼跟洋葱末一起吃的配料。取了一盘食物还未回到自己的座位，我迫不及待先把两粒"豆"拈起放进口里——哎，眉头皱了眼睛眯了，可真够酸的！

难怪坊间就把这 caper 直接叫作酸豆了。其实 caper 可不是豆，却是一种白花菜科多刺灌木刺山柑上的花蕾。呵呵，原来吃的是花呢！刺山柑花蕾有朝开成花不知好看不，但拿来腌成泡菜却是南欧料理中常用的一种调味料。不仅海鲜食谱中常有踪影，生拌牛肉 steak tartare 也用上大量 caper 以带出牛肉的鲜美，法式 nicoise 凉拌也少不了它。看来都是我们这些嘴馋的迫不及待，刺山柑开不了花结不成果，要怪就怪我们好了。

## 跟柠檬有约

多年前上瑜伽的第一堂课，印度籍老师隆而重之地告诉大家，每天早上起来先喝一杯暖柠檬水：用半个柠檬榨汁注进一杯暖开水中，喝下去唤醒五脏六腑，特别是调节肾和肝的正常排毒功能——作为一个乖学生，当然听老师的话。恐怕胃部一时受不了，也可加进一茶匙蜂蜜——其功效好处之奇妙，只希望你也可以一起分享。

给我一个橙，我就把它剥开了整个吃掉。给我一个柠檬，可以变化可以玩的花招却真多：做成冷的热的各种柠檬饮料，有酒精无酒精各有特色。冰箱里永远吃不完（其实是常常买）的一瓶 lemon curd 牛油柠檬果酱，是丰富早餐必备佳品。至于把柠檬汁独自或者搭上其他香草香料，作为从凉拌到鱼到肉到面食米饭的调味，更是小聪明大学问。就凭一股其实碱性的"酸"味，清新醒胃，平衡过分的油腻，甚至改变了整个菜式的基调和性格。

后来当然知道柠檬的原产地就是印度，也因此更真的"敬重"我的印度瑜伽老师。至于小时候同学间常调笑说女孩子拒绝你的邀舞或者约会就叫"吃柠檬"，恐怕就是说那种酸溜溜的不好受吧！其实，大胆一点，就直接跟柠檬约会好了。

| | |
|---|---|
| 鸡腿肉 | 五百克 |
| 柠檬 | 一个 |
| 红葱头 | 五个 |
| 蒜头 | 两粒 |
| 鼠尾草 | 两小枝 |
| 迷迭香 | 一小枝 |
| 橄榄油 | 适量 |
| 牛油 | 适量 |
| 蔬菜高汤 | 两百毫升 |
| 面粉 | 适量 |
| 刺山柑 | 十五粒 |

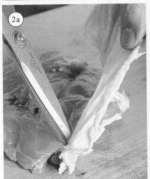

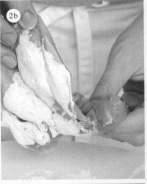

1 /
先将红葱头去衣洗净去头尾，原粒备用。

2a—2b /
将鸡腿洗净去皮，两面沾上面粉。

3a—3b /
放适量橄榄油，以迷迭香、鼠尾草及蒜头起锅。

4a—4b—4c—4d /
将蘸好面粉的鸡腿肉放进油锅，转中火煎至微黄，现磨海盐及黑胡椒调味，并挤进半个柠檬汁。

5a—5b—5c /
将蔬菜高汤逐量注入锅中，慢火烹煮，并将红葱头及刺山柑也同时放进，待鸡肉全熟酱汁转稠，大功告成。酱汁香浓鸡肉嫩滑，没有辜负大厨言传身教！

# 肉的迷惑

## 芥末牛舌配马铃薯泥

常常羡慕某某友人可以很有原则地不吃这不吃那，因为宗教的理由，因为环保的理由，因为健康的理由，还有因为其他各种政治的经济的感情的理由……我就是没有这种自制能力，可以勉强少吃，但还未能不吃。

很多朋友不吃红肉，理由都很充分都值得尊重，我也尝试尽量少吃，除了——那吃得让人满头大汗的广式清汤牛腩面，加了一大堆酸菜的台式牛肉面牛筋面、广式点心中的牛肉肠粉、陈皮牛肉球、生滚牛肉粥、日式牛肉饭、sukiyaki（寿喜烧锅）、京式涮牛肉涮羊肉、韩国烤牛肋骨、凉拌生牛肉、俄罗斯牛尾浓汤、法式鞑靼生牛扒，还有那从来不能抗拒的任何部位的羊肉……我知道我的一群素食朋友会把眼瞪得很大（希望不会很凶），但我绝对是忠言逆耳，尽管多次被不人道饲牛宰牛的纪录片吓怕，还有疯牛症的传闻，我仍是一不小心就忍不住，吃一点点。

如果真的不让我吃牛肉，我委婉央求，可不可以让我吃牛舌，火炉端烧烤的，盐渍过然后隔水蒸熟的，又或者用香草腌好的冻片……真的不懂形容牛舌的奇怪的纤维质地组织，还有当中脂肪的巧妙分布，我在这个荤与素的矛盾中，惑与不惑，继续吃下去。

## 如痴如醉如泥

他们把人间小角色称作 small potato，我却多口问 big potato 是否就一定好滋味？

甘心做小马铃薯的大有人在，一点点自嘲自卑自怜，又有到最后其实不关我的事的脱身逃避借口，不晓得谁会为做了马铃薯而骄傲，实在是马铃薯也有很多不同品种，做出千变万化各种风味，也真的值得骄傲。数不清爱吃的马铃薯菜式，当中偏爱马铃薯泥，是因为那种看似没什么就混作一团的泥泥糊糊状态，入了口才知道其细软香滑，真滋味都融化在口里。

做马铃薯泥也着实超简单，只要挑上淀粉含量较高质地松外表干爽的品种，诸如 Idaho 或者 King Edward，就很容易煮透压成泥。馋嘴的还可以用同一锅薯泥，分别调进切细的不同香料香草，做成有大蒜味的、罗勒味的、芫荽味的、洋芹味的，芥末和咖喱味的也不错，有点像做冰激凌——

说到冰激凌，众多食谱里拍得漂漂亮亮的冰激凌大多用马铃薯蓉做替身，因为比较不会在拍摄期间瞬间遇热融化掉——这也算是 small potato 的一种"实在"的贡献吧。

## 寻找个性

广东人很直接，芥末酱直称芥辣，然而芥辣的辣是否应该叫作辣？

或者该由大家自选一个自己喜欢的字去形容，我会用"呛"这个字。小时候不知死活，放学后在街角熟食小吃摊吃牛杂，热气腾腾的锅中浮浮沉沉的是牛肚、牛肺、牛肠之类。我什么都吃，指指点点着向老板要一串这一串那，手起剪落面前都是内脏——然后主角出场，锅边两小杯自己添加的酱料，黄的是芥末酱，红的是辣椒酱，我情有独钟，只挑那够呛的芥末，攻鼻攻脑。后来想想，可能吃牛杂只是一个借口，实在目的是吃芥末酱。

黑芥、赭芥、白芥三种芥籽，研成细末各自配搭，分别调入醋、葡萄汁、啤酒、香槟、冷水、橄榄油、蜜糖、小麦粉、柠檬汁……各个产地各种品牌各种口味。从美国芥末酱的温和到英国芥末粉（噢，牛头牌！）的厉害，从德国芥末酱的甜甜酸酸，到法国芥末酱的粗细颗粒口感，还有中式芥末的直接爆发力，嘿，真够呛！

| | |
|---|---|
| 咸牛舌 | 四片 |
| 马铃薯 | 两个 |
| 鲜牛奶 | 一百五十毫升 |
| 牛油 | 五十克 |
| 蒜头 | 四粒 |
| 海盐 | 适量 |
| 芥末 | 适量 |

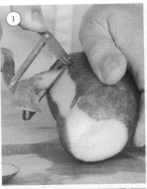

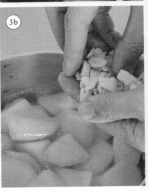

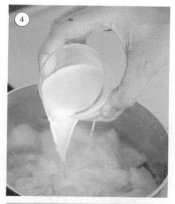

1—2 /
先将马铃薯去皮，切成小块。

3a—3b—4 /
水开后下马铃薯，以刚盖过薯身为准，同时将切碎的蒜头放进，待马铃薯熟透变软之后，将鲜奶注入，转慢火。

5—6—7 /
待锅中奶液几近蒸发，熄火待凉，转置碗中，将马铃薯搅拌成泥，并放进牛油及适量海盐调味。

8a—8b /
将急冻咸牛舌解冻后切厚片，隔水蒸热，置碟中伴以薯泥及芥末酱共食，两种细滑口感共尝！

自由选择 豆豉蒜片煎银鳕鱼伴京葱

饿了就要吃，这个道理好像简单不过。

但事实上，平白无故忽然有吃的冲动，当中有太多微妙的诱因——

吃一个平日肯定厌弃的连锁店汉堡，是因为实在喜爱最近那个汉堡广告上的小 baby；忽然重新喜爱巧克力是因为最近情绪太波动，很需要一种直接的近乎麻醉的甜美感觉；盛夏吃咖喱吃辣椒，寒冬吃冰棍冰激凌，都是一种季节性的刻意放肆。这一切都跟饿没有什么即时关系，不因为饿，也想吃也会吃。从生理需要到心理需要，吃这个题目，真神奇。

不同的人，在饭桌旁团团围坐，因为一千几百种不同的原因，喜爱或者不喜爱，吃或者不吃，其实都无所谓，没什么大不了，最重要的，是还有选择，还可以自主决定。

有人怕银鳕鱼的腥，我却爱它的滑，更有人特别迷它的层层油脂的肥美。有人很谨慎地不吃蒜，怕吃了会口臭怕尴尬，有人却偏执地认为不吃蒜的根本不能做朋友，一开口吓跑了就算了。有人看见豆豉如见虫卵，是某种童年阴影，我却一口气先吃光罐头豆豉鲮鱼里的豆豉，才吃鲮鱼。同台共桌容得下多元口味，有你有我，世界才有趣。

如何烹调出世界上最美味的一道菜？答案是：对不起，这个世界不是独孤一味的。每个人都应该有自己的独特的喜好和口味，如果吃来吃去只有一道自称是最美味的菜，即使材料如何丰富如何花尽心思烹调如何讲究餐具及进餐环境气氛，也注定这是一道难以下咽的菜。

今天是豆豉、蒜片、京葱、银鳕鱼，明天是胡椒、海盐、迷迭香、小羊排，后天又是另外的选择……争取开放自由，从厨房开始。

## 豆豉台风

说出来很丢脸，小时候真的很爱台风天。

百分之百太平盛世里长大的我们，也恐怕只因为这突如其来的天色变化，风高雨急，才会有些许的戏剧性和危机感。

兄弟姐妹不用上学父母不用上班，一切非日常。靠近海边的我家，也有受台风正面吹袭的可能。风一阵一阵呜呜响，豆大的雨点击打着窗，雨水从窗缝中放肆地钻进来。我们几个兄弟姐妹在室内自组小型救灾队伍，捧着塑料盆和桶，拿着旧毛巾到处清理积水——折腾一番都累了都饿了，台风天最精彩的一幕来临了。

其实家里厨房该有新鲜食材，可是凑凑兴也得开几罐罐头，当中最受欢迎的，自然就是珠江桥牌的豆豉鲮鱼：炸得酥香的鲮鱼浸在油里，还有三分之一罐的豆豉伴着。我经常危言耸听告诉弟弟妹妹这些黑黑豆豉是虫卵，吓得两人碰也不敢碰，我却因此开怀独食，咸咸香香，快乐异常。

俗语说"南人嗜豉，北人嗜酱"，只要好吃，我倒是南人北人同体，更从此四处留意各种菜肴中豆豉的用法。小小的一粒豆豉，可以是黄豆或者黑豆，洗涤蒸煮冷却后，加入曲菌发霉，放入缸中发酵、盐渍，最后晒干便成。加盐多少就决定了是咸豉还是淡豉。江西由于是盛产黑豆之地，连带酿造豆豉也成当地传统美食。

流行黑豆食品的今时今日，豆豉的种种营养价值和医疗效用，开始备受重视。什么风热头痛、胸闷呕吐、痰多虚烦，吃豆豉都有效。

那天买的那一包阳江豆豉在哪里？我在厨房里大喊。

好像放到红十字药箱里去了，有人回答。

## 自家够辣

如果说那些翠绿的青葱是秀气的斯文人，那么高高大大的京葱就是壮硕的肌肉男了。

肌肉男还是白白嫩嫩的，可是生鲜入口可还真够辣，想象不出如果吃北京烤鸭没有切成细段的京葱相伴，（当然还有黄瓜段和蘸酱）恐怕吃上两三片鸭皮鸭片就又胀又滞了。

打从懂得吃烤鸭的时候认识京葱，一试难忘。生鲜的辣得厉害，加入羊肉或牛肉热炒后甜滑柔顺，又分明是两个极端。心想做人也是否该有这样的弹性多面？起码可以早晚不同兼职多赚一点。

有回故意比较一下传统菜市场里卖的贱贱一身泥的京葱与高贵超市里外地来的包装得干净异常的西洋兄弟韭葱（leek），两者长相其实差不多一样，可是价钱有近八九倍的差别，切了一段生吃，西洋兄弟鲜甜细滑，自家货色还是一贯的辣，不用问，我还是爱祖国用国货。

| | |
|---|---|
| 鳕鱼 | 一块 |
| 豆豉 | 二十粒 |
| 蒜头 | 六粒 |
| 京葱 | 两棵 |
| 姜 | 适量 |
| 面粉 | 适量 |
| 盐 | 适量 |
| 莳萝叶 dill | 三棵 |

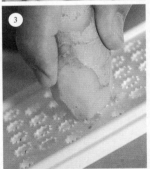

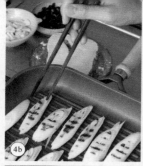

1 /

先将京葱洗净切去头尾，斜切成段盛好，小心不要弄散。

2 /

蒜头去衣切片，备用。

3 /

姜去皮磨蓉取姜汁，备用。

4a—4b /

将京葱段放进有坑纹的平底锅上加少许油烤热，待一面烤出焦纹便可转烤另一面。

5a—5b /

鳕鱼洗净用厨纸沥干，撒上盐、姜汁略腌十分钟。

6a—6b—6c /

腌好的鳕鱼涂上薄薄的面粉，便可放到油锅中慢火煎熟。

7a—7b—7c /

另起油锅将蒜片炸至金黄，取出，然后再放进豆豉炸至酥脆。

8 /

鳕鱼煎好后放于京葱之上，淋上豆豉蒜油，并以莳萝叶做伴，迫不及待一尝来自山海之间的自由配搭开放口味——

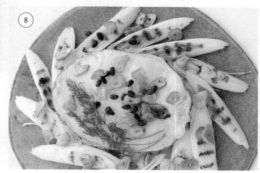

# 羊小则美

## 迷迭香烤羊肋排

如果村上春树的小说要改编拍成电影，我一定千方百计毛遂自荐去做其中一个角色——你猜对了，我要做羊男。

原因只有一个，大抵吃羊吃太多了，可能一身膻膻的，长出的都已经是羊肉。

我可以不吃猪不吃牛，马和驴当然不吃，但完全没有办法抗拒羊。

从自家手工的羊肉水饺，西安回民的羊肉泡馍，北京东来顺的涮羊肉，后海烤肉季的烤羊肉，钟楼旁边不见经传小馆风花雪月的羊蝎子（羊脊椎骨）汤，新疆风味的羊肉串、孜然羊肉、水煮羊以至澳大利亚新西兰空运来的羊腿、羊肋排、羊小排、里脊肉、颈尾肉……简单烧烤也好，复杂焖煮也妙。最难忘最夸张的是那一年也门之旅，从踏进国境的第一餐起，一连三个星期午餐晚餐都是羊，烤的、煮的、焗的、炖汤的，大抵吃遍羊的每一个部位。连在荒漠中峻岭间小村小镇勾留，当地孩子也是带我去看他们的羊圈，甚至跟他们一起去放牧，全程全情投入，几乎决定要投胎转世变成一头羊。

到处吃羊，无羊不欢，可是吃得最惬意的一回，却是在台北友人阿秋家里。那回她买了极新鲜的进口羊肋排，一贯简单地用迷迭香作引，放一点红酒，撒一点现磨海盐和黑胡椒，放进烤箱一会儿就一室飘香。她准备好足四人份，可是另外两个朋友临时爽约，我因此又破了半饱的戒，羊肉吃多了，红酒也喝多了，天南地北，话题还是回到羊的身上。

如果你问我为什么喜欢羊，就是因为羊肉特有的膻，越膻越好，无可替代。老祖宗说的羊大则美，实在是小小羔羊最嫩最美，只是羔羊未够膻，有点遗憾。如果你问我退休后打算到哪个地方，我当然首选新西兰，不是为了寻找那不知掉在哪里的魔戒，只因为那里出产最好的羊。

## 迷迭飘香

如果每头羊头顶上都有一个光环，那个环一定是用迷迭香连枝、编绕手工精制成的。

羊肉的膻香跟迷迭香的特殊清香，出奇地绝配，仿佛再肥美的羊肉有了迷迭香叫人头脑清醒的平衡，怎样吃也不怕胖。英文称为 Rosemary 的迷迭香，意即圣母玛利亚的玫瑰，十分富有宗教的神圣味道——当然我们的教派的圣经大抵是一本食谱。

源出地中海沿岸地区的迷迭香，拉丁原名就是"海之露水"的意思。原作药用植物的迷迭香，提神健脑帮助增强记忆力，在法国南部及意大利的家常食谱中，处处见得到迷迭香的踪影，烤肉炖肉连枝应用不在话下，叶片切成做成各种酱汁配鱼配家禽也绝妙。浸泡在橄榄油中自制迷迭香油做凉拌或跟面条搭配都很好，也有做甜点用的牛奶先来撒点迷迭香叶提提味。

谁可以告诉我，"迷迭香"这个绝美的中文名字，是谁人翻译的好主意？

## 薄荷体验

当然你可以手执嫩滑鲜美的羊肋排一根一根吃个痛快，有了迷迭香，撒了现磨海盐和黑胡椒调味本已足够，但若要更尽兴的话，蘸上特制的薄荷汁或者薄荷冻，又是另一番滋味。

将薄荷叶切得极细，以白醋调好做成薄荷汁，又或者买来英国人最爱用的瓶装薄荷果冻，甜滑讨好。其实超过二十五个常用品种的薄荷家族，渗透力就如其芬芳香气一般厉害。除了最为人熟悉的黑胡椒薄荷（peppermist）和田园薄荷（garden mint）之外，苹果薄荷、橘子薄荷、柠檬薄荷、香水薄荷等都以其独特香味命名，作为凉拌、果酱糖浆和调酒的神奇点缀。

最忘不了在越南、柬埔寨地区吃檬（汤粉）的时候，大碗中粉倒是一小撮，其余新鲜洗净的薄荷叶、九层塔、豆芽菜……与加了小辣椒的浓浓肉汤，吃喝下去清新得泼辣，过瘾初体验！

| 羊肋排 | 六到八件 |
|---|---|
| 马铃薯 | 一个 |
| 迷迭香 | 四枝 |
| 红酒 | 适量 |
| 海盐、黑胡椒 | 适量 |
| 鲜薄荷叶 | 八片 |
| 苹果醋 | 适量 |
| 薄荷果冻 | 适量 |
| 橄榄油 | 适量 |

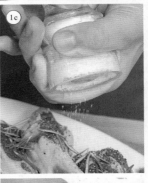

1a—1b—1c /
把迷迭香叶片择好，现磨黑胡椒及海盐铺到羊肋排上，略腌一会儿。

2a—2b—2c /
将羊肋排置于铺上锡箔纸的烤盘中，再放上原枝迷迭香数枝，注入适量红酒使羊肉更加鲜嫩。

3 /
预热烤炉二十分钟，将羊肋排以 250℃ 烤约十五分钟。

4a—4b—4c /
马铃薯去皮，切厚片，用少许橄榄油慢火煎好。

5 /
将马铃薯煎至两面金黄，铺于碟中，上置烤好的羊肋排配以薄荷果冻或鲜薄荷叶苹果醋共食，一室香膻，羊男出动！

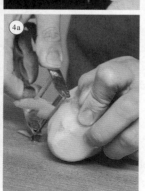

# 一面之缘

## 难忘的美味诱惑！

如果没有这一碗一盘一团面，生活肯定一团糟。

早午晚，面面面，不同粗细长短，不同材料口感，不同汤底浇头，

从自家大江南北吃到日韩吃到东南亚吃到意大利，

一年三百六十五日要吃不同的面，行，没问题。

最平民道地的主食，不必讲排场装模样。一天到晚飞来飞去团团转，

长途短途旅行回到香港的第一件事，还是那一碗香气四溢、弹牙爽口的云吞面！

半饱前戏　培根蛋酱意大利面

每年四月，我像候鸟一样飞个十万八千里，必定要到意大利米兰走一趟。

全城沸沸腾腾的，街上走来走去都是穿着一身黑（少许白）的设计师建筑师——因为每年一度的国际家具大展、两年举办一次的国际灯饰大展／厨浴具大展，都选在复活节前后举行。城内近两百个大大小小的家具灯饰以至相关艺术展览，有在正式贸易展览中心、博物馆、画廊举行的，也有在破烂厂房、火车站大厅、学校，甚至小酒馆举行的。打从一九八九年开始到米兰做了第一次采访报道，十数年来都是为公为私的指定动作：公事固然就是为港台中杂志报纸的设计专栏提供第一手现场资料，私事当然就是解决我的意大利厨房餐桌思乡病发——

长达近一星期的展期，一个人在路上从早到晚，扑蝶采花，实在也蛮累的。中午在展场与展场之间奔走，往往只能吃一份 panini 烤三明治。（茄子、菠菜、水牛乳酪和罗勒酱的素馅是我的首选！）撑到午后五六点，常常饿得快要昏倒，不顾一切，先到早已成为熟客的小餐馆充充电，因为晚上还有停不了的开幕酒会派对。

因为累，又常常是孤单一人，坐下来自然就想吃那些温暖的家庭式的补充气力的美味。嗜面如我当然专攻 pasta，一列十多种面条当中不用多想，经常挑的是 spaghetti alla carbonara——培根蛋酱意大利面。一盘热腾腾的面条端上来，黄澄澄的混进了乳酪的蛋汁，炸得焦香的培根片，面条是刚好 al dente 的弹牙口感，吃时撒进现磨的乳酪粉、大量的黑胡椒，再喝他一小瓶 Chanti 葡萄红酒，充实富足，一天的劳累全都忘了。吃过意大利人当作开胃菜后第一道菜的面条，我的半饱目的已经完美达成，前戏已经满分，

往后高潮必然更精彩！我笑着跟十三年来一直发胖的侍者叔叔说不好意思，因为忙，只能下回再吃足全程。他跟我做了个鬼脸，扬扬手就放过我了。

当然，这个晚上接下来的好几场酒会派对，混在当中再吃再喝，又是另一回事了。

# 重量级传说

有说每个男人背后都有个女人，又或者每个女人背后都有个男人，说来说去其实很烦，我愿意听的倒是每道菜背后的传说故事。

Spaghetti alla carbonara，重量级的美味果然有不止一个来源版本。根据意大利文直译，这是煤炭工人吃的面条。鸡蛋、培根、乳酪、面条，就是终日劳累的煤炭工人补充体力的最佳食物。相传罗马东南面 Apennine 山区一群长期在山里迁移伐木运煤的工人，他们会把腌肉、Pecorriro Romano 乳酪、鸡蛋（和下蛋母鸡）以及干面条带在身边，作为主要食粮。材料用得差不多时，就会进罗马城中补充。这道重量级食谱也就这样传到城里。一九一二年罗马 via di Montevecchio 大街开了一间名为 Trattoria del Carbonara 的餐馆，东家 Federico Salomone 先生就是一个售煤运煤起家的商人。

当然也有一说是吃这个培根蛋酱面的时候，必须撒上很多很多的黑胡椒，就跟铺上煤屑一样。至于比较不叫人信服的，是把第二次世界大战时期驻守罗马的 G.I 美国大兵拉下水，军营厨房中的培根和鸡蛋成了主角……

无论如何故事听过了，每个餐馆的不同版本也都一一试过了，是自己动手的时候了！

我在家里拍拍胸膛有样学样，总爱在最后再撒一把切细的意大利香芹（parsley），以其清新香气平衡一下肥美培根浓香蛋酱刺激胡椒的超重口感，翠绿颜色也让卖相马上加分。相传古罗马宴会场合餐桌上置满一束又一束香芹，甚至赴宴来宾也把香芹插在头上，因为大家都相信香气可吸收酒精以及油腻，因此更放心大吃大喝——难怪另一个有点扫兴的传说是用香芹来布置墓园里的花圈。

## 胡椒本色

究竟煤屑是什么味道？我不想知道。

但如果胡椒忽然从地球上消失，我们身边的美食就会黯然失色，肯定，不用问。

套用坊间的深情对白——平日朝夕相对不懂珍惜，一朝消失无形后再也追悔莫及。

没有了胡椒就不成事。浓香暖胃的潮州胡椒猪肚汤荷包鳝汤、广东的及第粥鱼片粥碎牛肉粥、家乡经典道地的油条焗鱼肠也不可没有胡椒，各式凉拌的酱汁调味时也必须撒一点胡椒，而且还要是现磨的——那么一磨一压，胡椒的辛辣特质才完全发挥。

面前一瓶又一瓶的原颗青胡椒、白胡椒和黑胡椒，原来都是一家人。胡椒果实未成熟时就采摘下来，自然就是青绿的一串；青胡椒烘干后果皮变成黑色，也就是我们常用的黑胡椒，至于稍后把黑外衣去掉，就是我们常见的白胡椒。因为有先后有皮没皮，一家人的味道竟然也不一样，真神奇。

至于混合胡椒中有鲜红的版本，味道就稍凉稍甜，不属于胡椒科却属蔷薇科，有缘走在一起各自发挥，实在混得也很高兴。

| 鸡蛋 | 两个 |
| --- | --- |
| 意大利培根 | 四片 |
| 意大利香芹 parsley | 一束 |
| 意大利帕米基诺乳酪 | 适量 |
| 意大利面 | 两百克 |
| 现磨黑胡椒 | 适量 |
| 初榨橄榄油 | 适量 |
| 盐 | 适量 |

1 /
先将培根用手撕成小块备用。

2 /
将帕米基诺乳酪现磨成细末，备用。

3a—3b /
打一个鸡蛋到碗中，另一个蛋只要蛋黄，同放碗中打匀。

4 /
将乳酪末、现磨黑胡椒与蛋液一并拌好备用。

5a—5b /
将意大利面下锅，热水中同时撒一把盐，煮面时间要比包装盒建议的少两分钟，才能保证有意大利人强调的 al dente 咬嚼口感。

6 /
另备平底锅把培根炒至香脆，提防过焦。

7 /
面条煮好后直接下锅略炒。

8 /
关火后将蛋酱下锅，拌匀的手势必须迅速，以防蛋液过老。若要蛋液更润滑，可放一点煮面水甚至牛奶。

9 /
最后将香芹下锅，上碟前可再撒上现磨黑胡椒，道地经典就在面前。

忽然上海 鲜虾葱油开洋拌面

身边的一群人早已在这十年八年进进出出成为"上海通"之际，我才第一回到上海。

## 上海是什么？

是外祖父母当年旅居上海的叱咤和风流？是母亲儿时在法租界西门路吕班路口山东会馆齐鲁小学上课的点滴回忆？是老用人口中上海沦陷的逃难惊惶岁月？还是香港尖沙咀那几间早已迁拆的老牌上海馆子里有坚持也有变调的上海口味？是咸肉百叶的浓淡互渗？是酱炒鳝糊的甜和稠？是蟹粉小笼包的油和烫？又或者是简单便宜得有如葱油开洋拌面？

老实说，小时候跟着家里大人去上海馆子，一定不会点葱油开洋拌面，因为碗中几乎没有看得见的料，不像排骨面、嫩鸡煨面、三鲜凉面……直至很晚也记不起何时何地，吃到小小一碗很油很香的热腾腾的葱油开洋拌面，面条哔哔入口依然细致地知道拌料里有蒜末有香醋有麻油有炸得酥透的称作"开洋"的虾米，当然还有焦焦甘甘的葱。

第一回正式到上海当然仔细用味觉求证，吃过大小馆子不下十碗八碗口味些微差异的葱油开洋拌面，当然也每次确定最简单的这一碗面最考功夫最看得出主事者用不用心。

至于偷师学艺回家后自行变调的这一碗加了鲜虾的

拌面，是用来讨好身边那一群始终嘴刁的"上海帮"——与我同龄的这些南来第二代，还是海派得很，聚在一起的时候还是会说我一句也听不懂的上海话。要沟通？得诱之以色香味。

## 原来主角

菜市场里眼花缭乱，常常因为颜色造型，这也买那也买，买卖的都高兴，光买菜就一大袋，菜摊阿婶顺手塞来一大把粗壮的葱，免费的习惯，有效的公关。

葱不能久放，夏天尤甚，不到半天，干了软了很难过，用保鲜纸包好放在冰箱里也不是办法，拿出来软软的，吃了也没力气。

越便宜越简单，越像配角的，其实从头到尾支撑大局，越难对待。

半夜疯起来吃一碗有点孤单可怜的速食面，就得靠那一小段仅存的葱，马上切细成葱花，撒在碗中添加鲜活感觉。越夜越美味，配角原来是主角。

更何况以葱做主的拌面，走到菜市场真金白银买个一斤两斤葱，常常吓菜摊阿婶一跳。回来切成大段大段的，用据说最健康的芥花子油炸得焦香，绝对是一种主角的气派，独特的甘苦也是一种境界。

为了家里常常有新鲜的葱，还得常常上菜市场。

## 大海精华

　　馋嘴老友爱吃生蚝，常常把那肥美丰满的蚝软软地滑入口之前，冒着割破嘴唇的险，吸一口蚝壳中的咸咸海水，呵，大海的味道，他接近高潮地轻轻吐出一句，其时眼中闪耀着的兴奋满足，比吃到上等的蚝为甚。

　　我因此明白我这位老友为何也是环保先锋、绿色斗士，特别关注全球海洋污染状况，因为他实在太爱海里一切可以吃的——软的硬的，有壳的或者无壳的。

　　海鲜海鲜，能够新鲜的吃固然最好，但晒干了又是另一种美味。大海的精华加上太阳的能量，又直接又奇异。家里冰箱常备的大虾干小虾米，用热水泡开揉碎，远胜过人工化学调味：煮汤煮出鲜甜，下锅炸得酥香——东南亚食谱中常用的"马拉盏"，当中就有大量炸好的虾米酥、红葱头和蒜末。小时候在大排档吃早点，现做的肠粉上的虾米和葱花也是粗犷中的细致。

　　上海人把虾米称作"开洋"，对我这个外省人来说，竟有水手远航、海阔天高的一种浪漫。

| 基围虾 | 十只 |
|---|---|
| 上海生面 | 两把 |
| 葱 | 半斤 |
| 虾米 | 二十只 |
| 蒜头 | 一粒 |
| 镇江香醋 | 适量 |
| 酱油 | 适量 |
| 麻油 | 适量 |
| 米酒 | 适量 |
| 盐 | 适量 |

1a—1b—1c /
先将虾洗净剥壳，挑去虾肠，以米酒及盐略腌，备用。

2 /
将葱洗净切成中段，备用。

3 /
热水将虾米浸泡开，用手揉碎，用前将水分先拭干，否则油炸时会四处乱溅。

4 /
起油锅将虾米炸至金黄，捞起备用。

5a—5b /
把葱段放进虾油中，炸至焦香，连油先放面碗中。

6a—6b /
碗中放进切得极碎的蒜末、适量酱油、香醋及麻油调味。

7a—7b /
锅中水沸下面，面煮好直接放至碗中，略拌。

8 /
将鲜虾用油泡熟，放于面上。

9 /
撒上炸透的虾米和切碎的葱花，趁热拌好赶快吃。葱油香，虾鲜美，面条有嚼劲，还想怎样？

# 双重惊喜

虾子乌鱼子意大利宽面

从小就对自己的方向感信心满满，更没怀疑过自己阅读地图的能力，直到那回跟她第一次到威尼斯——

选择入黑之后抵达威尼斯，想起来其实真的大胆，并不是说当地治安会有什么问题，而是普通人根本没办法在昏暗的街灯下看地图认路标。我又好胜，"耻于下问"，所以街头出现了两个神色张皇的男女，拿着一张其实不怎么详细的小酒店自制的地图，故作镇定地在街巷中来回兜转。

过了半个小时，又再过了四十五分钟，还是找不到要找的落脚地，而我，已经肚子饿了。

当我一肚饿，大概脸上是有警报字幕出现的，身边的她早已习以为常，为了大事化小，她有气没气地答应，好吧，还是先吃饱再说吧。

这一区不是最热闹的游客区，小餐馆疏疏落落的，有些甚至已经打烊了。一看她的手表，原来差不多晚上十点。尽管如此，我还是有我的执着，像样的对劲的有感觉的才肯推门进去。当我如此碰上两间餐馆，侍者却都做对不起、厨房已经休息的手势表情时，我心知不妙。

走到巷底，很电影感的一盏小灯还在亮着，一间小得不能再小的简陋餐馆，门口站着一个正在抽烟休息的厨师，我做了一个询问的手势，他露出一副有点可怜我们的笑容，进来吧。

拖拉着沉重行李，还未坐下，厨师用他的破英文跟我们说，没有其他食物了，只有意大利面，还有一点干鱼子。这也好，难道要吃扬州炒饭？

五分钟后，我们吃到生平最好最好吃的 spaghetti alla bottarga，辣椒、蒜头、罗勒叶、橄榄油，跟刚煮好的咬劲十足的 al dente 意大利面，再撒上烤过的干鱼子——人间超级美味。

我肯定不是因为又饿又累又焦急，是因为面前这盘简单家常口味真的又便宜又好。然后厨师走过来，瞥了一下放在桌上已被我揉作一团的旅馆地图，嗨！你找的旅馆就在转弯街角。

从此我很乐意告诉别人，我喜欢迷路，尤其是在威尼斯。

## 双子滋味

贪心，烤好了乌鱼子还不够，还要撒上好一把虾子（晒干的虾卵）——

贪心，已经是三天三夜巡回大小通吃美食集中营，离开台北回港的时候还要在机场免税店搜掠一下有什么遗漏的可以买走的美食。

南来北往东西飞，算是比较清楚哪一个机场哪一个航厦哪些摊位有什么送礼自用皆大欢喜的美食：罗马买过棕檬甜酒；米兰买过顶级橄榄油和意大利面酱料；巴黎买过肥美鹅肝酱和白豆猪脚冻；东京买过一边吃一边会感动流泪的三明治或者雪印香草口味冰激凌；波士顿拎起过一只龙虾；纽约买过熏鲑鱼；北京见到锡箔纸精美包装的烤鸭，只是傻笑没下手。这回在台北机场新航厦，当然买的是盒装乌鱼子。

原来每年冬季是乌鱼子的好日子，当两岸政要还在为"三通"问题大伤脑筋据理力争的时候，从黄河口顺着黑潮南下的乌鱼管不了那么多，自在通行游至台湾安平沿海附近。母乌鱼濒临产卵期，鱼卵饱满鲜美，乌鱼每年来一次，鱼群中也只有三分之一为母鱼，愈见珍贵。

优质乌鱼子淡金黄色，无血丝，触感柔软富弹性，口感厚实。冷藏包装的版本也是细心处理，口感奇佳——这时候难道还要分析什么胆固醇含量？少吃多滋味，这是人生第一大道理。奢侈一点抹酒烤干切片入口伴以红酒，精彩一点的做个鲜美的意大利拌面，还请来虾子赠庆，高潮迭起。

# 辣下去

可以吃辣吗？他问。

每一次碰到这个问题，我其实都不懂回答。只能傻笑。

年少气盛，吃辣吃得义无反顾。自家川菜湘菜云南菜五花八门的辣都很欢迎，在过分高档的 XO 辣椒酱被发明之前，早已通晓市面每一个牌子的辣椒油辣椒粉和辣椒酱的辛辣程度，更四处搜罗友侪自家炮制的各有千秋的祖传加料辣椒酱，相互大比拼。还有印度咖喱菜系的香辣、东南亚菜系的鲜辣，以及墨西哥、南美菜系的火辣，都绝不放过——辣得一头大汗，辣得伸舌头喝冰水，辣得天旋地转金星乱舞，辣出胃病和十二指肠溃疡。

自此就怕辣了吗？其实不。

倒是在病征稍稍受控之后，有如偷情地跟辣椒再续前缘。这次没有再追求花哨的各式辣椒制品，倒是纯粹地独爱小巧的朝天椒。家里冰箱冷藏库常备满满一盒新鲜时就马上冷冻的朝天椒，随时出现在意大利面或浓或淡的酱汁里、各式凉拌的有如灵魂的蘸酱中、冷热汤面的或荤或素的汤底里、各式家乡小炒的关键调味中……算是很简约很利落地用那么一点，就已经很厉害。

曾经爱过，曾经错过，放肆之后，好像懂得多一点。

可以喝酒吗？他又问。

| | |
|---|---|
| 意大利宽面<br>Fettuccine | 两百克 |
| 蒜头 | 一粒 |
| 朝天椒 | 两根 |
| 帕米基诺乳酪 | 适量 |
| 橄榄油 | 适量 |
| 乌鱼子 | 八薄片 |
| 虾子 | 适量 |

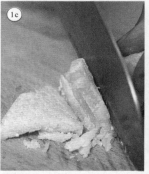

1a—1b /
先将蒜头去皮切片，朝天椒去籽切丝。

1c /
适量帕米基诺乳酪切好，备用。

2a /
将乌鱼子切成薄片。

2b—2c /
并排放在烧热的锅上，慢火烤至边缘轻
微焦香，离锅备用。

3 /
煮沸锅中水，放入面条的同时撒一把海
盐，切记烹煮时间要比包装袋指示时间
少两分钟，才能保证咬劲口感。

4a /
同时烧热平底锅，放进橄榄油，小火爆
香蒜片及辣椒丝。

4b—4c /
面条煮好后，夹起稍稍沥干水分，马上
放进平底锅中。

5 /
上碟后再撒上切好的乳酪片，撒上虾子
并放上乌鱼子片，简单易做，热腾腾又
香又辣，绝对好吃！

有素相随　香菇胡萝卜拌面线

无论怎样努力节制，碰上中外大小节日诸如端午中秋圣诞除夕和农历新年，还是吃吃吃，吃得有点过分。

　　如果过去一年有真真正正地努力做出一点成绩，值得高兴值得奖励，吃！

　　如果过去一年太慵懒，十件事有九桩都未能完成，需要检讨也需要打一打气，吃！

　　如果对未明朗的前景不乐观，更必须储够弹药做足心理生理准备，吃！

　　反正不必再找借口，一意孤行义无反顾吃出一个希望，吃出一个未来。

　　在外头吃得太繁复太夸张，就在家里弄点简单的容易的，早午晚三餐温饱是基本需要，要美味也不难。

　　在台北一个好友家中做客，一锅有机培育的新鲜香菇嫩鸡汤，再配上一盘只用麻油、酱油和苦茶油拌的台湾特产面线，还有一盘凉拌的有机蔬菜，吃得饱饱暖暖的，也都吃出一切材料的原来味道，美味至极。

　　回到香港的家，常常想起这位挚友，想起她在厨房中的从容配搭，身边手头有什么吃什么——在香港家里买不到好的新鲜面线，就用上海素面或者干面线暂代也不俗。冰柜中翻出几个干的香菇、一条胡萝卜，还有在

台北买来冷压的苦茶油、一瓶台南特产"滋养油"——也就是某一种豉油，在上海买的上好小磨麻油用光了，台北买的也不俗，做个家常拌面，三两手势，满足快乐。

素得清清爽爽，其实十足丰富美味。

## 素面随身带

不得不承认，长途旅行兜兜转转，尤其不在亚洲范围，回家后第一件想做的事，是煮一包加足调味料还有至爱麻油的原装正版"出前一丁"。

对于吃素食面长大的我们这一代，这也就是我们的某一种"古早味"吧。

当然知道味精过浓过咸的种种不妙，所以这种欲望现在也变成偶一为之的奢侈，尽量吃的素一点淡一点，也是让自己可以继续有一个健康身体，保证可以继续好好地吃。

一束素面，随身左右，上海的干面短小束成巴掌长短，台湾、福建的面线一束扭成发髻，适量调味，拌一拌，很好吃。

# 高贵苦茶油

那回在台北朋友家吃过用苦茶油拌的面，惊为天人，有机及低脂不在话下，还没有橄榄油强烈的霸气夺人的味道。苦茶油基本是无味的，所以用来拌面绝不会影响面和其他配料的原味，也让我喜爱的麻油可以发挥得更香。第二天急急跟朋友去她日常光顾的有机饮食杂货铺买苦茶油，还有冷压（凉拌用）和热压（烧菜用）两种。

苦茶油采自苦茶树果实苦茶籽，经脱壳晒干后，循古法炒、压榨、过滤而成。苦茶油含不饱和脂肪酸等成分，并含有山茶素，蛋白质，玉蕊醇，维生素 E，矿物质钾、磷、镁、钙……台湾草岭的苦茶油颇有名气，六百毫升装的，售价约在一百一十港元至二百港元之间，苦，原来有价，也还得劳动大家在香港北京和上海未有代理零售之前，手提着上飞机。

| | |
|---|---|
| 香菇 | 五个 |
| 胡萝卜 | 一条 |
| 面线 | 一束 |
| 芫荽（香菜） | 一把 |
| 麻油 | 适量 |
| 苦茶油 | 适量 |
| 滋养油／豉油 | 适量 |

1a—1b /
胡萝卜洗净，刨细丝备用。

2 /
香菇用热水泡开，切细丝备用。

3 /
起锅将香菇和胡萝卜丝炒热炒软，稍以豉油调味。

4 /
面线下锅煮开，留意不宜煮得太黏糊。

5a—5b /
面线煮好后趁热拌进麻油、苦茶油及豉油，也把香菇丝和胡萝卜丝拌进，再撒上切碎的芫荽，保证十足美味。

# 何妨再醉

## 永远不会迟的下酒菜

酒醉三分醒，为的是不要错过了精彩的下酒菜。
不是酒徒的往往最能喝，潇洒凌厉的，慢酌浅尝的，快乐时光延展不断，
陪伴下酒的各种轻重浓淡口味，也因为酒精催化的奇妙作用，
更多层次更有变化——
酒不醉人，菜已迷人。

# 欢乐时光

酥炸鱿鱼圈配牛蒡、笋瓜条

不知从什么时候开始，人们习惯把下班后回家晚饭前那一段在酒吧跟三五同事好友聊天闲扯的时段称作"Happy Hour"（欢乐时光）。

那是否说之前上班的时光不怎么欢乐？又或者之后回家也不欢乐？

如我等所谓自由工作者，二十四小时全天候工作工作再工作，是跟欢乐时光无缘，还是全程尽是欢乐不停？

耳闻目睹不少人在欢乐时光的当下还是气急败坏脸红耳赤地谈公事，这又恐怕是另一个层次的欢乐。

还是西班牙人最懂得欢乐。片刻欢愉不算什么，一整个晚上从这间 Tapas 酒馆到那家 Tapas 酒馆，把这种原属北非摩尔人的阿拉伯伊斯兰教传统饮食休闲习惯发扬光大，小喝小吃，志在去忧解愁分享欢乐。

反正有的是时间，管他溜走得是快是慢，正式的晚餐时间，往往在接近深夜才开始。

Tapas 一词，原意是酒杯上的小盖子，不知是否用来挡一下有点多有点烦的苍蝇，（西班牙苍蝇？！）但真正吸引的是放在这个小盖子上的小小一口美味：从高贵的 Iberico 风干火腿，到 Albondigas 辣味肉丸配蒜味小番茄、Higados de Pollo 雪利酒鸡肝以及 Tortilla 煎蛋饼都是我的至爱。当然不能不提 Calamares Fritos 炸鱿鱼圈——因为这一盘金黄可口又可恶的美味，令我几乎没有在西班牙正式吃过晚餐，光是 Tapas Tapas Tapas 两三个回合，就饱了，醉了。

## 高贵亲戚

小时候每次在北方馆子里拿着菜单、指着端来的那一小盘凉拌小黄瓜，总是好奇地问，黄瓜？明明是青色的，这不是青瓜吗？

后来翻翻食材图谱，发觉黄瓜青瓜竟然跟南瓜同属一科，从形状到颜色怎都搭不上，真叫人越发糊涂。

先不管它哪科哪属吧，只要尝得出各自不同的味道质感口感，这个世界还真的是丰富有趣可爱。

只是不得不承认，有些植物天生高贵，或者经过品种改良，又或者远渡重洋，身价自然不一样。一条进口的意大利黄瓜（又叫笋瓜），比本地的田垄黄瓜甚至温室黄瓜都昂贵多了。英文叫 courgette、意大利文叫 zucchini 的笋瓜，质地密实，不必像黄瓜一般去掉瓜瓤，所以切片现烤或者切条蘸面糊油炸，都是很受欢迎的吃法。

又嫩又鲜颜色又漂亮的 zucchini，每回在意大利都吃了不少，只是想再进一步，希望吃到油炸的、酿了鳀鱼酱的鲜黄色 zucchini 花，每回殷切地跟熟稔的餐馆侍者开口，不是没有就是早已卖光，落空失望无数次。不过这也好，吃不到的笋瓜花永远是美味的，做人总得不断有冀盼有期待。

# 地下寻根

有那么一阵子大家流行寻根。

有点像乱翻族谱似的追寻自家的集体的信仰、文化、历史源头。目的说得简单一点就是给自己在此时此刻找一个定位，安心再出发。我没耐性，东寻西找很容易迷路，倒是在寻根的过程中，很快找到自己真正喜爱吃什么——答案是，什么都爱吃。

不必每回都煞有介事地搬出什么吃是一种文化啦，是一种生活要求和态度之类。吃就是吃，很直接；好吃就是好吃，就很好。

就像第一次吃到牛蒡，我就知道，这就是我最喜爱吃的"根"了。小时候被吓唬，如不好好读书，就要回乡下耕田，耕田耕不好，就要吃树皮树根——原来"树根"是这么美味这么有口感，如此接近泥土如此有营养，读书不成，吃也应该吃得快活。

牛蒡当然不是树根，在日本和台湾地区大受欢迎的"根"却原来源自地中海一带。不要看它黑黑的沾满泥，心急起来冲水洗净再把皮也削掉——那就大错特错了。牛蒡的营养和香味就在这皮肉之间，其独特香甜来自一种叫菊淀粉的碳水化合物及精氨酸，能补充体力防老化。牛蒡本身虽不含太多维生素，却有丰富植物纤维，是近年备受重视的防癌食品。如果要去掉一点涩味和土味，牛蒡洗好切好之后可以不必削皮，放进稀释了的醋水里浸泡，同时也能防止牛蒡变黑，只要在用前捞起沥干就是了。

从吃 sukiyaki（寿喜烧锅）里不能少的牛蒡条，到用糖用酒用酱油炒的牛蒡丝，甚或像马铃薯条一般炸得酥香的吃法，寻根不嫌路远，菜市场里堆得如山高。

| | |
|---|---|
| 鱿鱼 | 两只 |
| 意大利笋瓜 zucchini | 一条 |
| 牛蒡 | 半条 |
| 面粉 | 适量 |
| 鸡蛋 | 一个 |
| 日本雪盐 | 适量 |
| 糖 | 适量 |
| 麻油 | 适量 |
| 芥花子油 | 适量 |
| 柠檬 | 半个 |

1a /
将鱿鱼洗净除去内脏后切成圈状，头部及触须不必去掉。

1b /
牛蒡冲水洗净，用刷子把泥土刷掉，切段再切条状。

2 /
牛蒡马上浸泡于有少量醋稀释的清水中以防变黑。

3 /
笋瓜洗净去皮，切成小条状。

4 /
将面粉撒于鱿鱼圈上，并蘸上蛋浆。

5a—5b—6a /
将鱿鱼圈酌量放进烧滚的麻油及芥花子油锅中，炸至金黄，随即捞起。

6b—7a—7b /
牛蒡及笋瓜沥干后，分别蘸进混合了冷水与鸡蛋清的面糊中。

8 /
分别酌量放进油锅中，炸至金黄。

9 /
所有炸物沥干油后，放碗中均匀撒上雪盐，趁热上碟，吃时再挤点柠檬汁，保证满口酥脆鲜美！

# 高贵的存在 山羊乳酪鸭肾拌菊苣

没办法，又是巴黎。

圣杰曼（Boulevard St. Germain）大道上，我是一个百分百的游人，而且是心神恍惚举棋不定的那种，站在路口的三角关系中不知如何是好——双叟（Les Deux Magots）咖啡馆、力普（Brasserie Lipp）啤酒屋、花神（Cafde Flore）咖啡馆，刚巧就是各自对街成铁三角。今天该到哪一家？该如何很轻松很不在意地看与被看，小小烦恼还是有的，即使是第二十八趟到巴黎。

还是钟情花神咖啡馆。当年萨特和西蒙·波伏娃在这里会友论事的历史胜地，喝呀喝掉不知多少杯咖啡才喝出存在主义，这该是统计学问题还是哲学问题就说不清楚了。如今一切与当年有什么差别，不是我等路过的分得清，走进来凑凑兴也只证明此时此刻作为一个观光客，你也存在过。

多次证实小时候念的一丁点法文已经全部还给漂亮的法文老师了，只记得实在爱吃的东西该如何写如何念——Gesiers de Canard 就是鸭肾。当我在花神咖啡馆封面印制得有如旧版严肃哲学书的菜单中，看到它们有这道鸭肾凉拌，虽然有点贵，我毫不犹豫就点了。喧闹的店里，我在进进出出的过半是游客的混乱环境中，贪婪地没有跟同伴分享地一口气吃光了盘中淋上橄榄油、撒上黑胡椒，还加了一个煎蛋的凉拌生菜，当然，还有那一叠切得薄薄的、油香四溢、带嚼劲的咸鸭肾。

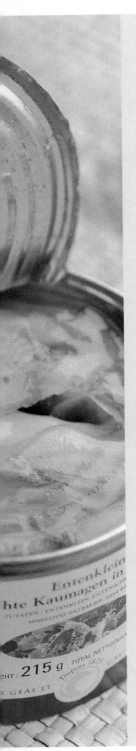

因为鸭肾的存在，每回到巴黎，我都在这里高贵地存在一个下午——

## 偶一为之

因为这浸在鸭油里的罐头咸鸭肾，我竟然想起生鱼。

联想这回事是很奇怪的，大抵是因为由咸鸭肾想到干鸭肾，又想到西洋菜、无花果，再想到生鱼——那一条小时候用力提起来摔到地上，据说会摔出有脚的妖怪的生鱼。

还是言归正传回到广东家常老火鲜鸭肾煲生鱼汤，又回到这法国名牌 Rougie 浸在鸭油里的鸭肾罐头。六块鸭肾接近一百港元，一点也不便宜。但这个堪称法国美食文化大使的 Rougie 品牌，又实在是品质的保证。那些空运全球的冷藏鲜鹅肝、鸭肝和鸭胸肉，是五星级酒店大厨的指定选择，那些加入了黑松露菌的鹅肝酱，以及在一众 Rougie 罐头制品里面算是最便宜的油浸咸鸭肾，都在全球馋嘴一族中占有崇高地位。

据说鸭油和鹅油含的是不饱和脂肪酸，比乳类食品对健康好一点点，偶一为之放肆一下大概无妨，特别是你想一口把法国吃掉而且慢慢在口中融化时。

## 何苦之有？

第一次认识菊苣（Chicory），是在家附近的超级市场，货架上写的当然不是"菊苣"这两个有点深奥吓人的字，很直接，写的是"苦白菜"。

在完全不知这苦白菜有多苦的情况之下，我倒是有点兴奋地买了一盒三棵，当天晚上还有一群朋友要来我家开一个小派对，就让大家尝点苦吧！

作为主人，作为家里的总厨，当然要事先试试苦成什么样子——清甜爽脆，微微有一点苦，对我来说，很可以接受，也就顾不了大家是否一般惯性口味，就是用心良苦要来一点新鲜刺激给消消闷。

自此我家冰箱就常常有菊苣来访，总觉得在清苦家族当中，菊苣是乖乖的，不像苦瓜长得那样"狰狞"，叶片也是干净利落的，很适合用来搞点小玩意儿，就像这回把一盘凉拌变身成为独立的下酒小菜，方便一口一口地尝点苦，十分好玩，何苦之有？

| 菊苣 | 两棵 |
| rocula 生菜 | 两棵 |
| 羊奶乳酪 | 半块 |
| 油浸咸鸭肾 | 三块 |
| 法国芥末 | 适量 |
| 橄榄油 | 适量 |

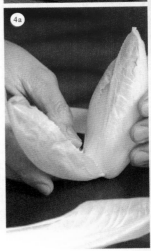

1 /
先将鸭肾用热水略浸一下，除去油脂，再切成片状，备用。

2 /
将羊奶乳酪切成细粒，备用。

3 /
用橄榄油将芥末调稀，备用。

4a—4b /
小心将菊苣叶片剥开，放上适量生菜叶片。

5a—5b /
再将鸭肾片、羊奶乳酪粒及芥末酱先后放于叶片之上，便大功告成。

6 /
看似轻易简单，但入口味道和质感绝不普通，吃一口精致，再来喝点什么？

中东颜色

红洋葱末麻酱烤茄子

巴黎，玛黑区（Marais）蔷薇街（Rue des Rosiers），傍晚的神奇光影斜斜洒落这犹太老街。我刻意掉头不去看糕饼店橱窗中堆叠有如城堡、沾满椰丝和果仁、淋满糖浆、甜沁心脾的传统甜点。忍住口走不到十尺之遥，我还是在另一家烤肉夹饼摊子面前停下，不吃主食，却只买了一小盘刚烤得焦焦的茄子，淋上优格酱汁撒上香芹叶，就站在街上快乐地大嚼起来。

如何抗拒现烤茄子的焦香诱惑？软滑湿润得简直有点色情，该来一杯混有凤梨汁的冰冻比利时淡啤酒清醒一下。

茄子，一边走一边吃。从以色列耶路撒冷圣城内总觉得有点太凝重太规矩的犹太餐馆的晚餐前菜茄子泥，到也门大漠中的曼哈顿什巴木泥砖土城午餐的那一盘烤茄子蘸花生酱；从摩洛哥古城马拉喀什市集菜摊那一地鲜紫油亮，到意大利维罗纳城罗密欧夜会朱丽叶阳台左侧餐馆橱窗里的那一盘初榨橄榄油浸的茄子干……至于在西班牙旧都托利多（Toledo）吃过的肉酱茄子千层，日本箱根温泉区一泊二食的和食料理席中的味噌茄子田乐烧，还有自家大江南北菜系中的蒜拌茄泥、红烧茄子、鱼香茄子、炸茄子盒……

茄子口味的千变万化，一如途经路过的难忘风景，色香味的美味回忆，自主地在脑海快速搜画，异国时空穿梭，只因为刚吃了这一口厉害的茄子。天生特别吸油（也特别吸引！）的茄子叫人瞬即半饱，今晚的晚餐时

间得往后推迟了，又或者干脆就不吃晚餐，犹太区里再逛一回，再找另一家路边摊，再来一小盘茄子，这次要蘸辣味的番茄酱……

## 自我麻醉

自小就吃得狠，早餐也吃两份。

分明在家里已经吃过有鸡蛋有牛奶麦片，又或者有煎饼有皮蛋咸瘦肉粥的无国籍早餐，走路上学快要到校门口时，却又开始肚饿——其实就是分明还饱着也仍要吃那手推车小摊卖的热腾腾的猪肠粉。

喜爱吃有葱花有虾米粒的猪肠粉，其实是为了那浇在上面的芝麻酱，多一点多一点，我一再央求那位猪肠粉婶婶加料加酱——麻酱以外当然还要有甜酱、辣酱、豉油，再撒一点炒香的白芝麻……是因为有了这双份早餐，我比其他同学都更聪明更好学，更吸收更懂得消化？

浓浓的香香的黏黏的糊糊的，麻酱这种麻，叫人上瘾，是一种醉。

忘不了十多年前台北信义路永康街口馄饨大王的麻酱面，连在八德路上班的我也在中午风风火火地跑过来吃一碗。忘不了澳大利亚大厨老友在家里用麻酱和柠檬汁烤的比目鱼，他用的麻酱就是阿拉伯食材中的 Tahini 淡麻酱，比日式加入了太多醋和味素的火锅用麻酱，以及国产的油酱分层无法混在一起的版本好多了。毕竟阿拉伯民族也酷爱麻酱，传统菜式中很多素菜的蘸酱也有麻酱的调味。无论吃素吃荤，调味酱料起的作用经常决定大局，浓重轻淡味道口感的调节，见微知著都是大学问。

## 贪心茄子

甘心做一条茄子，其实是掩盖不住的贪心与野心。

首先是那一身紫——紫红、紫蓝、紫黑，艳得高贵深沉，不是一般人敢玩的游戏。忽的又像脱得光光的一身白，还有改头换面后的粉青⋯⋯

然后就是那茄腹中肥厚的瓤子纤维，原味寡寡淡淡甚至腥腥的，但一旦吸收了各种调味酱汁鱼香肉香之后，兼容并蓄精明利落，配角随时就成主角。

《红楼梦》中经典的把茄肉细丝九蒸九晒再入瓷罐封严的"茄胙"听来太传奇，倒没太大兴趣一尝，只知道茄子本就粗俗便宜，隔水蒸熟拌上蒜泥和麻油，撒点芫荽和盐巴已经是细致美味。

甘心做一条茄子，一条健康的茄子——切片后浸入盐水中，用前再挤干水，下锅就不会吸入过量的油——话说回来，如果健康只能是干巴巴的，倒真的一点也不快乐。不快乐，又如何健康？

| 茄子 | 一个 |
| 紫皮洋葱 | 一个 |
| 蒜头 | 一粒 |
| 芫荽（香菜） | 一棵 |
| 砂糖 | 适量 |
| 海盐 | 适量 |
| 黑胡椒 | 适量 |
| 淡麻酱 | 适量 |
| 橄榄油 | 适量 |

1 /
先将芫荽洗净切得极细，备用。

2a—2b /
将茄子洗净切片，再浸入盐水中，备用。

3a—3b—3c /
将紫皮洋葱切成细丝，用适量砂糖和海盐拌好腌过，待十分钟左右再挤走水分，下少许橄榄油调好备用。

4 /
将麻酱用橄榄油调至稀稠合适。

5a—5b /
将茄子沥干水分后，放进有坑纹的平底锅中，烤至茄子表面出现焦纹。

6a—6b /
将茄子置于碟中，放上腌好的红洋葱丝，浇上麻酱。

7a—7b /
再放上切细的芫荽，撒上现磨黑胡椒，无难度中东美味，就等你动手！

半醉心思　黑豆黑芝麻清酒菠菜

是因为哪一位村上先生的关系？是村上春树还是村上龙？

他或者他，是会一个人去喝酒的吧！

其实我倒很少很少一个人喝酒——喝那种很孤单很落寞的，一边喝一脸胡须碴子也茁壮长出来的酒。

因为没有试过，总觉得这应该很有感觉，很小说，很电影。

喝这样的酒，应该是在东京，应该在那些最多只能挤三五个人的小酒吧。该喝什么酒好呢？其实我不懂。

单看那些瓶子长相漂亮得很的日本酒，瓶身招纸中那些龙飞凤舞的书法体，最厉害的是那些引人浮想的名字：侣、无界、松籁、初龟、醴泉、正雪、男山、兰奢待、飞天空、十四代、天地开辟、电光石火……都好像该细细品尝——

说实在的，我倒更在意有什么有趣的下酒小菜，这一下子就露出我本来不是酒徒的真本性。

有一回在东京，跟一位写漫画评论的日本作家聊天喝酒，他的英文很好，但说得很快，像加了转速的卡式录音带。我一边听一边点头，Yes，Yes，Yes，也只能如此。我们喝的是大吟酿吧，他很快就喝得差不多醉了，

眯着眼不怎么说话。我其实还行，只是一不小心把半杯酒都碰落在面前的一小碟黑芝麻凉拌菠菜里——

因此发明了下面的一道吃着吃着其实也会半饱（并且半醉）的下酒菜。

下回在东京喝酒，即使有幸碰上随便一位偶像级的村上先生都恐怕叫我太紧张，其实我最想碰上的是心仪的插画家作家安西水丸，装醉可以央求他给我画一幅像小孩子画的画。

## 麻烦黑芝麻

黑芝麻真的麻烦——我的意思是，功效太多。

我其实只爱它的香，还有微微的苦。

如果你要知道的话，黑芝麻含有丰富的蛋白质、脂肪、叶酸、尼克酸、油酸、亚油酸、棕榈酸、花生酸、甘四酸、甘二酸，还有脂麻素、维生素 E、卵磷脂、钙、铜、磷、铁等成分。可见芝麻那么一点着实不小，加上黑豆更不得了。

中医会告诉你，黑芝麻味甘性平，具有生津、补血、润肠、生发等功效。西医也赶忙说，黑芝麻对治疗神经衰弱，对预防动脉硬化、心脏病都有效，更含有抗氧化的硒元素，有抗癌作用。至于活血养颜滋润皮肤等，都是爱美又爱吃的人乐于知道的。

怕麻烦的我当然只能在外面甜品店吃芝麻糊，可是常常都太甜，在家里用适量黑芝麻加上糙米煮粥，加一点点糖，还好。吃什么蔬菜凉拌，也随手撒一些炒香的黑芝麻，习惯了。

家里厨房冰箱中那一小玻璃瓶有点贵的日本黑芝麻酱，因为贵，倒也一直都没有吃完。至于在爱上黑芝麻之后又再爱上黑豆，那就是更黑更麻烦的一件事了。

## 大力菠菜

不知怎的，菠菜是我理想中蔬菜的模样。

我挑剔，有时候嫌白菜太饱满多汁太幸福，嫌西兰花太硬，又嫌空心菜（蕹菜）太腥，潺菜太滑……菠菜不同，菠菜总是绿得很踏实（是有铁质的关系吗？），要粗壮的时候可以一大棵吓你一跳，要乖巧的又有另一副模样。而且很神奇，明明买了整整两大斤，氽烫过或者下锅加点蒜头炒好，竟然又变成一小碟，一口就吃掉一斤。

总不明白老外那些煮烂了的做成罐头的菠菜，也就是大力水手波派（Popeye）在卡通片里遇险时必吃的大力菜，看看笑笑就好了，我才不吃。

印象最深的吃菠菜经历是大学时只身独闯北美，在芝加哥的同学带我到一家号称全世界最好吃的比萨店吃他们的招牌比萨，端上来的比萨厚厚有一寸高，满满堆着的都是菠菜馅料，上面还有烤得焦焦的意大利辣肠、番茄酱、乳酪等指定配料，吃时还被指示要撒一把特制的辣椒粉，在那个还可以放肆地乱吃的青春年代，拼死不知饱是一种天真的幸福。

| | |
|---|---|
| 菠菜 | 四棵 |
| 黑芝麻 | 四匙 |
| 黑豆 | 三十粒 |
| 酱油 | 二匙 |
| 麻油 | 一匙 |
| 砂糖 | 一匙 |
| 日本清酒<br>或伏特加 | 四匙 |

1 /
先将菠菜洗净，切去根部后把菜叶切成长段。

2a—2b /
将菠菜放入加了少许盐的沸水中，汆烫过捞起放进冷开水中待凉。

3a—3b /
将菠菜的水分挤干，放进酱油及酒，放进冰箱腌放约十五分钟。

4a—4b—4c /
将黑芝麻慢火炒香，用研磨钵磨成末。

5a—5b—5c /
将烤好的黑豆也研磨成末，并加进砂糖麻油调味。

6a—6b /
将腌好的菠菜沥走水分，与黑芝麻黑豆末拌好，再撒点炒香未磨碎的黑芝麻，即成半饱自醉的下酒小菜！

后记

继续吃

有登堂入室的《回家真好》，有一屋杂物的《设计私生活》。

其实这许多年来，我一直最想写一本跟饿跟饱跟食物有关的书。

说起来，"半饱"这个名字来自五六年前的一次嬉戏。还记得那个晚上知己三两在做梦，要为理想中自己的一家餐厅取一个名字，爱高兴热闹的她马上就想到"仓库"这个名字，我想了一想，为自家餐厅取名"半饱"。

当然，做一本书看来比做一家餐厅相对简单得多，但这接近半年的筹划、设计、写作、下厨、拍摄，后期制作过程，却是一次异常丰富的宝贵经历。当中还碰上那犹有余悸的 SARS 事件，半被迫乖乖在家的日子，照样忙碌之余叫人再三反思何谓理想生活品质的追求，叫我更珍惜能够相互关心扶持的家人朋友，更凸显了家作为最后阵地的重要。

如果此刻你问我家里哪个角落最重要，不用问，肯定是厨房！哪些物件最重要？肯定是我的杯盆碗碟、锅、烤箱、菜刀、砧板、食物材料……说到家里最重要的人，当然就是餐桌旁围围坐的他们——负责摄影的情钟番茄炒蛋的小包，负责设计制作的嗜爱甜点的阿德，稳定大局的不吃肥肉的 M，指点方向的偶尔喝醉的 H，当然还有比我更馋嘴的妈妈和弟弟，怎么吃也不怎么胖的爸爸，好久不见看来要减肥的妹妹……

　　在此更怀念作为我餐桌启蒙的外祖父外祖母，以及至亲至爱的掌厨的老用人，那真的是个好饱好饱的童年。

应霁　二〇〇三年八月

# *Home* is where the heart is.

**01　设计私生活**
定价：49.00 元
上天下地万国博览，人时地物花花世界，
书写与设计师及其设计的惊喜邂逅和轰烈爱恨。

**02　回家真好**
定价：49.00 元
登堂入室走访海峡两岸暨香港的一流创作人，
披露家居旖旎风光，畅谈各自心路历程。

**03　两个人住**
　　一切从家徒四壁开始
定价：64.00 元
解读家居物质元素的精神内涵，
崇尚杰出设计大师的简约风格。

**04　半饱**
　　生活高潮之所在
定价：59.00 元
四海浪游回归厨房，色相诱人美味 DIY，
节欲因为贪心，半饱又何尝不是一种人生态度？

**05　放大意大利**
　　设计私生活之二
定价：59.00 元
意大利的声色光影与形体味道，
一切从意大利开始，一切到意大利结束。

**06　寻常放荡**
　　我的回忆在旅行
定价：49.00 元
独特的旅行发现与另类的影像记忆，
旅行原是一种回忆，或者回忆正在旅行。

# Home 系列（修订版）1-12 ◉ 欧阳应霁 著
## 生活 · 讀書 · 新知 三联书店刊行

07 梦·想家
　　回家真好之二
定价：49.00 元

采录海峡两岸暨香港十八位创作人的家居风景，
展示华人的精彩生活与艺术世界。

08 天生是饭人
定价：64.00 元

在自己家里烧菜，到或远或近不同朋友家做饭，
甚至找片郊野找个公园席地野餐，
都是自然不过的乐事。

09 香港味道 1
　　酒楼茶室精华极品
定价：64.00 元

饮食人生的声色繁华与文化记忆，
香港美食攻略地图。

10 香港味道 2
　　街头巷尾民间滋味
定价：64.00 元

升斗小民的日常滋味与历史积淀，
香港美食攻略地图。

11 快煮慢食
　　十八分钟味觉小宇宙
定价：49.00 元

开心入厨攻略，七色八彩无国界放肆料理，
十八分钟味觉通识小宇宙，好滋味说明一切。

12 天真本色
　　十八分钟入厨通识实践
定价：49.00 元

十八分钟就搞定的菜，以色以香以味诱人，
吸引大家走进厨房，发挥你我本就潜在的天真本色。